地図から消される街
3.11後の「言ってはいけない真実」

青木美希

講談社現代新書
2472

はじめに

私は7年間、福島第一原子力発電所事故を追い続けている。

この間、避難者に向けられる目は次々と変わった。当初は憐《あわ》れみを向けられ、次に偏見、差別、そしていまや、最も恐ろしい「無関心」だ。話題を耳にすることが激減した。関心が薄れたところで、政府は支援を打ち切り、人々は苦しんでいる。

私は、世の中の変化に翻弄される彼らに密着し、向き合ってきた。

原発事故直後、避難所となった各地の体育館に東北の人々が押し寄せた。都内の体育館では、孫と避難した60代の女性が「どうしたらいいの」と切羽詰まった表情で話した。力士がボランティアで炊き出しを行い、マッサージや相談コーナーが所狭しと並んだ。

数ヵ月後、都内に避難した小学生は、同級生から「あなたは放射線を浴びているから中学生になるまでに死んじゃうんでしょ」と言われ、精神状態を崩した。1年後、福島県の仮設住宅に住む女子高生は「もう県外の人とは結婚できない、と聞きました」と将来を案じた。

そしていま、避難者たちが「どうしてまだ避難しているの」という言葉を投げかけられている。闘病中の夫を支える女性もその一人だ。「帰りたくても地元の医療機関が閉鎖したまま。夫が治療を受けられなくなるのに」と嘆く。帰れば夫の命を縮めかねない。

生きる選択肢が限られた彼らに、いったいどうしろというのか？

そもそも、彼らがどうなっているのかということすら、もはや世間の関心を失い、忘れられそうになっている……。

ネット社会の進展で、自分の好きな分野の話題や情報が大量かつ手軽に入手できるようになった。その反面、それ以外は見ないという風潮が広がり、そうした流れを助長している。

結果として、不都合な事実を「なかったこと」として揉み消そうとしている国家権力の思惑通りになってしまった。これを許したのは、新聞やテレビ、各報道機関の敗北でもあると言われても仕方がない。我が身を含めて、あまりにも無力だったと猛省する。

2012年から13年にかけて、チームで「手抜き除染」報道を手がけた。山間部の多い福島県で生活圏から20メートルの範囲という限定的な除染に効果があるのか疑問の声が上がっていた。除染費用の見積もりは4兆円を超える。「ゼネコンに巨額の税金をつぎ込み、帰還政策のためのアリバイづくりで除染を進めるぐらいなら、生活支援を優先してほしい」という声もあり、ずさんな除染の実態を明らかにすることで、福島の人々が望む施策とは何なのかを問いかける試みだった。現状を見ると、それも無力だったと認めざるを得ない。

　この7年で記者たちは転勤し、原発事故の報道から次々と離れていった。私も、同じことばかり取材しないようにと別の取材班に入れられた。部署異動もあった。それでも周囲に理解を求め、取材を続けてきた。

　しかし、世間の主要な話題は五輪やワイドショーのネタになり、関心は薄れるばかり。ますます彼らが追い詰められてしまうという焦りが募る日々だった。

　福島第一原発事故は、私たち一人一人が、チェックなきままの原発政策を許してきた結果だ。この教訓を生かさなければ、再び過ちは繰り返される。

　少しでも耳を傾けてほしい。

　政府の都合で弱者を、声の小さい者を切り捨ててもいいとする社会にしてはいけない。次に切り捨てられるのは、私やあなたかもしれない。

　新聞不信の中で、落ち込み、萎縮《いしゅく》することもある。けれどインターネットなどで受けのいい記事だけではなく、たとえ世間が忘れ去ろうとしても、伝えるべき事実を伝えるという新聞記者の果たすべき役割がまだあるはずだ、とも思う。

　痛烈な自己反省を込めて、私は「不都合な事実」をここに記そうと思う。

目次

「底辺」に残された4柱の遺骨／除染作業員の怒り／プライドと差別／川に流された汚染物質／多重下請け構造の深き闇／作業員たちの証言／除染ならぬ移染／「現場を押さえろ！」／マイナス2度以下の現場／驚愕の不正の実態／八方塞がりの現地事務所／届かぬ訴え／元請けゼネコンを追及する／託された思いを伝えるために書く／トカゲの尻尾切りにはさせない／動かぬ証拠／「山」が動いた／立ち上がる除染作業員／終わらぬ不正

第3章 帰還政策は国防のため

答えありきの住民懇談会／誰のための帰還なのか／原発を推進した者が避難指示解除／「町残し」を口にする首長たち／宙に浮く住民の心情／見え隠れする「核抑止力」／「現役は本当のことを話せない」／元原子力村トップクラスの告白／世界一ではない原発再稼働基準／日本の核武装可能性／米国のプルトニウム引き渡し要求／想定外の展開／日米原子力協定の延長／原子力に偏ったツケ

序章

「すまん」原発事故のため見捨てた命

2017年4月、人が戻らず復興が進まない浪江町の様子

母親の自死

２０１８年1月10日、筆者は神奈川県の公園を訪れた。風が緑地を吹き抜け、ササや下草を揺らす。サクラやタケなど多種多様な木々が茂る雑木林。ドングリや落ち葉の中で、二股に分かれ、遊歩道を覆《おお》うように空に伸びるコナラが茶色の木肌をさらす。

54歳になる一人の母親が２０１７年5月、この木に洗濯物用ロープをかけ、首を吊《つ》った。子どもたちと福島県から東京に避難していた。

夫は、避難に反対して福島に残った。そこで母親は仕事を2つ3つとかけもちし、生活費を切り詰めて教育費を稼ぎ、2人の子どもを中学、高校、大学まで行かせた。

ところが、支援が打ち切られる生活の中で、左手がしびれ、左半身が思うように動かなくなり、働けなくなってしまったのだ。ストレスなど心因性と言われ、原因不明だった。２０１７年3月末には避難していた住宅提供がなくなり、精神的に追い詰められていった。

「子どもたちにお金が渡るようにしてください」

最期に友人らに言い残した。

彼女は、どのように支援が打ち切られてきたか、どう絶望していったかを克明に書き残している。

「若くなかったり、体調が悪かったり、避難先で生活再建するのは、思った以上に、簡単なことじゃない」

「避難先に定住したい家庭には安定した仕事につけるように支援がほしい」

「授業料免除が受けられなくなった。奨学金を借りられない。どうしたらいいんだろう」

学費の悩みが多く残されており、なにより住む場所に困っていた。

「県職員が訪問に来て何度も住宅の提供期限がきたらどうするか聞いてくる。引っ越しますと言っているのに」

「部屋を貸してくれる不動産屋がなかなかない」

そして、訴えていた。

「申し訳なく思う。もう少ししたら私は帰るので、避難を続けさせてほしい」

２０１７年にまとまった福島県の調査結果は衝撃的なものだった。避難指示が出た区域などでは、16年時点でもなお、１万人以上がうつ病や不安障害の傾向があると推定されることがわかったのだ。

これは福島県が避難指示が出た12市町村などの約21万人を対象に毎年、実施している健康調査で、回答した約3万7000人のうち7％がうつ病や不安障害の可能性があるという結果になった。事故直後からは減少傾向にあるとはいえ、なお全国平均3％の倍以上にのぼる。20～50代の働き盛りの数値が高かった。調査、分析を手がけた福島県立医科大学の前田正治教授は警鐘を鳴らす。

「我々の調査対象区域だけで1万人以上もうつ病ハイリスク者がいると推定される。少数とはいえない数だ。精神的に回復しつつある人たちがいる一方で、時期的になかなか声を上げづらく、また周囲も支援を縮小していく頃なので、支援から取り残されてしまいやすい。被災者の二極化の傾向が見られ、飲酒問題や自殺などの深刻な問題も心配される」

筑波大学の太刀川《たちかわ》弘和准教授らのグループが2016年10月から12月に行った調査でも、県内の避難者310人のうち、現在も心の状態が悪いという回答が4割を超え、「最近30日以内に自殺したいと思ったことがある」という人は61人と2割近くに上っている。避難した人たちは帰る場所を失い、支援も失い、いま孤立を深めつつある。

ハクビシンの棲む家

福島第一原発事故のため、原発隣接地区では大小数百の集落が時を止めた。2017年春には6年にわたった避難指示が4町村で解除された。3月31日に福島県双葉《ふたば》郡浪江《なみえ》町、伊達郡川俣《かわまた》町、相馬郡飯舘《いいたて》村、4月1日に双葉郡富岡町で、対象は帰還困難区域外で計3万1501人。だが帰還した人は解除後10ヵ月経った18年1月31日・2月1日時点で1365人（転入者を除く）と4・3%にとどまる。

2017年11月中旬、筆者は浪江町の中心街を訪れた。風が強くて寒い。海側の建物が津波で根こそぎ失われたため、風がより強くなったといわれている。

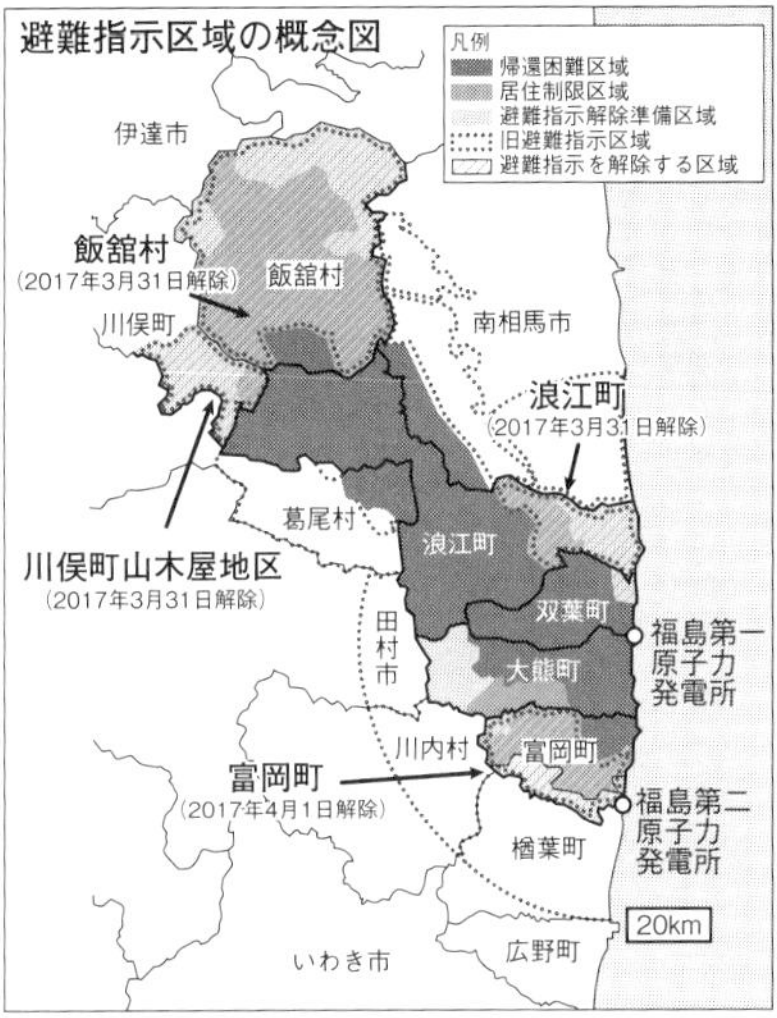

経済産業省「避難指示区域の概念図」(2017年3月10日)をもとに作成

福島の地方経済を支える東邦銀行浪江支店の旧店舗が静かにたたずんでいる。本屋や酒屋だった店舗の軒先には雨をしのぐ青いテントが破れて垂れ下がり、何の店だかわからなくなっている。「撤去作業中」という青いのぼり旗も立つ。更地になっている場所も目立った。

この中心街の一角に、以前、救助活動の取材でお世話になった消防団の高野仁《きみ》久《ひさ》さん（56）の看板店がある。

4月に自宅兼店舗を見せてもらった。

静まりかえった街で、店も息をひそめているかのようだった。店舗奥の玄関の戸を横にガラガラと開ける。土とほこりのにおいがする。床に散らばる箱や食器……。床が見えないほどだ。ところどころが黒い。土も見える。居間の日めくりカレンダーは、２０１１年３月11日のままだ。

「……ここ、津波には遭《あ》っていないところですよね？」

頭ではわかっていても、思わず口に出た。それぐらい、ぐちゃぐちゃだったのだ。

「みんな動物のせいだ。ほれ」

高野さんが指をさす。居間の床や床に落ちたノートの上に、黒々とした固まりが載っている。土かと思ったのは、動物の糞《ふん》が山積みになっているものだった。

「あそこから出入りしてると思うんだけど。ハクビシンだと思う」

居間の奥の壁が破られており、穴が空いている。ここから動物が出入りしているため、居間が土だらけなのだ。「もう帰れない。壊すしかないよ」と言いながら、高野さんの太い眉毛の下の目は、じっと家の中を見つめていた。ハクビシンが夜道をしなやかに横切るのを、筆者も目撃した。

２０１７年８月になり、高野さんは、避難先の福島市から事故後初めて子ども３人を連れてお墓参りに来た。

長女が自宅を訪れるのは、小学1年生のときに避難して以来初めてのことだ。すでに中学2年生になっていた。自宅に入った長女は、「天井でガサガサ音がした」と怯《おび》えながら出てきた。生まれ育った家が、ハクビシンの棲《す》む家になってしまった。

帰還できない人たちに対し、「ふるさとを捨てる」「勝手に避難している」と非難する声を、霞が関をはじめ東京都内でも福島県内でも聞く。一方で、帰れない人が大勢いるという現実はすっかり報道されなくなった。高野さんは言う。

「子どもたちは放射線量が高いからと帰ってこない。自分一人でも帰ってこようかとも思ったけれども、誰も帰ってこないのに、どうやって看板屋をやればいい？　この街で誰か商売をするか？　誰が看板を必要とする？　お客がいないと誰も商売が成り立たない。子どもたちを食べさせていけない。2017年に入って同級生が自殺していく。2人目だ。どうしていいかわからないからだ。看板の仕事も来るけれども、できる作業が限られているので外注せざるを得ない。おれもどうしたらいいのかわからない」

浪江町中心街の商店会で元の場所で再開しているのは、2018年1月時点で47事業者中、2業者だけだ。看板店の仕事は、以前は月30～40件だったが、いまは月1～2件しかない。町内の工場《こうば》を閉鎖しているため、木製看板の彫刻しかできないからだ。東京電力の賠償が切れたら、貯金を食いつぶしていくしかない。

「これからどうしたらいいのか、寝るときに布団で考えて、答えが出なくて、考えているうちに朝になっている……」

高野さんはせつせつと語る。悲痛な叫びは世間に伝わらない。

「報道は、復興が進んでいるという面ばかり積極的に伝える」と、県内に住む人に言われることがある。たとえば「復興の象徴」として、避難指示解除から1週間ほど経った2017年4月8日、安倍晋三首相が浪江町の仮設店舗を訪れた。スーツ姿や法被《はっぴ》姿の人たちが出迎え、このときの模様は明るいニュースとして大きく報じられた。

現実はどうか。浪江町で避難指示解除された人は1万5191人。帰還した人は解除の10ヵ月後でも312人と2％にすぎない。その3分の1が町職員だ。

戻っている人たちがいる。しかし大半は戻れない。2017年4月に放射線測定器を持って回り、数軒で測らせてもらったが、住宅の敷地内でも除染基準の4倍以上の1マイクロシーベルト毎時以上のところがあった。ある家では2階で0・8マイクロシーベルト毎時。家の中は除染対象外のため、数値が高いと懸念する住民女性もいた。

全身への被曝が累積100ミリシーベルト（1ミリシーベルト＝1000マイクロシーベルト）でがんの死亡リスクが約0・5％増えるとされるのに対し、100ミリシーベルトより低い被曝（低線量被曝）による健康被害がどれぐらいあるかは諸説ある。ＩＣＲＰ（国際放射線防護委員会）は「線量の増加に正比例して発がんや遺伝性の影響が起きる確率が増える」との考え方を採用している。

国内で唯一、放射線と人々の健康に関わる研究開発をする機関である国立研究開発法人放射線医学総合研究所でも低線量被曝のリスクを明らかにできていない。

明らかにならないものとの闘い——これが現地の人々を苦しめている。

東京では、いまや事故のことが口に出されることが少なくなり、いつも通りの生活が営まれている。

人は辛いことを忘れようとする。誰かが苦しんでいる姿は、見たくないかもしれない。けれど福島第一原発から約30キロの南相馬市に行くと、僧侶や市議、会社員たちから口々に、「現状を伝えてほしい」と求められる。「政府はすべて収束したとしている。とんでもない」「解除されても70歳以下は誰も戻ってない」——その訴えは切実なものばかりだ。

急速に忘れ去る世間の無関心をいいことに、支援は打ち切られていく。とくに、避難指示区域外から避難してきた人たちは「自主避難者」と呼ばれ、本人たちは支援を必要としているのに、福島県や神奈川県などは避難者数から除外してきた。避難者がいるのに、いなかったことになっていく。それが帰還政策の現実だ。

２０１７年３月末には双葉郡の高校５校が休校した。避難指示区域になった福島県立双葉翔陽高校（大熊町）のほか、双葉高校、富岡高校、浪江高校と浪江高校津島校だ。それぞれ避難先で授業を続けていた。再開の見通しは立っていない。

浪江町内では、浪江東中学校を改修した小中学校の整備工事が行われ、２０１８年４月に開校する予定だが、17年６月の子育て世帯への意向調査では、町内で小中学校を再開しても、96％が子どもを通学させる考えがないと答えている。同年11月現在でも、通う意向がある子どもは小学生５人、中学生２人に留まる。３階建てのぴかぴかの学校。ここに実際にどれぐらいの子どもたちが通うようになるかはわからない。

２０１４年４月１日に、事故後最初に大規模な政府の避難指示が解除された田村市では、原発から30キロ圏外にある廃校に一時移転し、授業を行っていた岩井沢小学校が元の校舎に戻った。しかし多くの児童たちが戻らず、児童数は３分の１に。17年３月に統廃合で閉校となり、１４０年の歴史に幕を閉じた。浪江町でも同様の結果にならない保証はない。

「ジュンヤ」を捜して

前述の高野仁久さんは、３月11日が近づくたび、落ち着かなくなるという。彼は浪江町の消防団幹部。あのとき、助けを求める人たちがおり、救助活動に行こうとしていた。

2011年3月11日の午後8時すぎだった。

高野さんは、請戸《うけど》地区の現場を見に、請戸川の堤防に上がった。家々が流され、真っ暗になっていた。

いつもなら国道を通るトラックの音がうるさいが、それがない。波が打ちつける音もない。街灯も家の明かりもない。暗闇の静寂。不気味だった。

「誰かいるかあーっ！」

腹に力を込めて叫んだ。静寂の中、声は遠くまで響いた。耳を澄ませる。

ウーともアーともつかない、か細いうめき声がかすかに聞こえた。

一帯ががれきで、自分の5メートル下はもう水面だ。声の主が20メートル先なのか、30メートル先なのかもわからなかった。懐中電灯で辺りを照らした。ライトは、津波で流されたクレーン車や乗用車、プレハブを映し出した。

「どこだーっ！」

トンと音がした。

「どこだ！」

今度はトントン、と力なく弱々しい音。どこかに誰かがいる。右手を伸ばして懐中電灯で遠くまで照らしても、5メートルほど先のがれきが見えるだけだ。一人ではどうしようもない。

「助けに来っから、待ってろ！」

高野さんの報告を受け、翌朝から捜索すると決まったが、中止になった。原発が危ないという情報が入り、避難することが決定されたのだ。ショックだった。

救助活動に当たっていた消防団員の後輩の渡辺潤也《じゅんや》さん（36）も行方不明になっていた。渡辺さんは、「ジュンヤ」と下の名前で呼ばれ、慕われていた。理容師で、野球で活躍していた。家族は母と妻、中学生の長女と小学生の長男がいた。

地震直後、ジュンヤさんは家族を避難させ、消防活動に向かった。先輩団員とポンプ車で避難を呼びかけて回ったが、当初、気象庁の発表は「予想される津波の高さは3メートル」だったため、「2階に逃げていれば助かる」と言う人もいて、避難誘導が難航した。津波がまちを飲み込んでいく。川のようになった道路で大学生が流されており、先輩とジュンヤさんで助け上げた。

途中、ジュンヤさんは海の近くの自宅そばで車を降りた。そのまま戻って来なかった。

4月、避難所となった猪苗代《いなわしろ》町の温泉旅館で、高野さんは露天風呂に入った。落ち着いて風呂に入ることができたのは、いつ以来か。午後10時すぎ、明るい月が出ていた。海の方角。あの月の下に見殺しにした人がいる。そう思うと涙が出てきた。人目を気にする必要はない。高野さんは泣いた。手を合わせ、「すまんかった」と謝った。

以来、消防団は毎年3月11日に捜索を行っていた。だが、5年経った2016年3月11日で打ち切られることになった。団員は避難で全国に散らばっている。もう集まるのが難しい、という判断だった。

最後の捜索のニュースがテレビで流れた。ジュンヤさんの母親の昭子さんが「いままで5年間捜索してくれた気持ちに感謝したい」とテレビで語った。

それでいいのか。5年経てば解決するのか――。

2017年3月11日の捜索は、高野さんは自主的に参加した。ジュンヤさんのものを何か見つけて、親御さんに返してやりたいと思った、と言う。ジュンヤさんとは、年も離れているし分団も違う。1、2度、宴席で一緒になったぐらいだ。しかし、一人の消防団員として、打ち切っていいのかという後ろめたさがあった。捜索に参加すれば、気持ちの中で自分を許せるのかな、と高野さんは思った。捜索に参加したのは50人ほどで役場職員が多い。高野さんは「これまででいちばん少ないな」と感じた。

請戸川や、津波が押し寄せた大平山の間を重点的に捜索した。

鍬《くわ》や熊手で土を掘る。骨や身元確認につながるものがないか探す。6年の歳月が流れるうちに土をかぶってしまい、10センチ以上掘らないと何も出てこない。掘った土の間からプラスチックのかけらが出てくる。おもちゃのネックレスの一部だった。免許証、アルバムの写真。屋根のトタン。

作業することが高野さんなりの〝誠意〟だった。

海沿いでは護岸強化やがれき処理、焼却などの復興工事が行われており、重機が入っていて捜索ができない。人間の手でやるのはもう限界がある。本当はトラクターで土を掘り出し、ふるいにかけないと出てこないだろう。そんな思いとは裏腹に、復興工事が進む。その影響もあって、不明者が見つからないのではないかと思う。

2018年3月、あの日がまたやってくる。参加するかどうか高野さんはまだ決めていない。

「毎年、3月11日が近づくと、じっとしていていいのかという思いが出てくる」

桜の下の涙

2017年4月。避難指示が解除された浪江町の桜の名所「請戸川リバーライン」には、故郷の桜を6年ぶりに見たいと、数十人が訪れていた。土手沿いに数十本のソメイヨシノが咲き乱れていた。

その中に、農家の高齢女性がいた。原発避難者のために建設された南相馬市の復興公営住宅に住んでいた。

「いつもここでお祭りがあってね。この通りにお店や屋台がずらーっと並んで。土手の上で屋台で買ったものをみんなで食べながら、桜を見たのよ」

事故前の様子を教えてくれた。筆者は尋ねた。

「桜は、変わらないですか」

「いいえ。大きくなりました。6年分……」

目尻に涙がにじんでいた。まるで孫を見ているかのようなまなざしだった。

「浪江に戻られることは……」

おずおずと尋ねたところ、首を横に振った。

「家がダメだもの」

「地震ですか？　津波ですか」

「イノシシ、ネズミがもうすごくて、家が壊れちゃって。泥棒も入ったし」

泥棒、という言葉の語気が強かった。避難者宅への窃盗被害は各地で起きていた。

「家は解体されるご予定ですか？」

「はい、解体です。うちは田んぼがあるんだけど、食べられればいいんだけど、食べられないでしょう。どうしたらいいか……」

福島県では全量全袋検査を実施している。２０１６年には浪江町で実証栽培が行われ、全３１５袋のうち、５袋でキロあたり25～50ベクレルのセシウムが検出された。基準の１００ベクレル以下とはいえ、不安だとのことだった。

福島第一原発事故以降、福島県で7年間、復興事業に携わっている公務員の男性は言う。

「みな過去と未来を一度に失った。絶望感は筆舌に尽くしがたい。一部の人は立ち直ったが、立ち直れずに落ち込む人たちが大勢いる。命を絶つ人も……」

震災関連自殺は２０１８年2月7日時点で、16年に21人、17年は25人と、前年より増加した。

原発事故はまだ、終わっていない。

それどころか、支援が打ち切られる中で、変わり果てた故郷に戻るかどうか、「自己責任」でそれぞれが判断することになり、さらに混迷を深めている。

第1章 声を上げられない東電現地採用者

原発関連の下請け企業で働いていた今野寿美雄さんの自宅は、3.11から時間が止まったままだ

物を語れぬ人々

東京電力は、福島県では最も優良な就職先の一つだった。特に浜通りといわれる東京電力福島第一、第二原子力発電所のある沿岸の地区にとっては、最優良といわれていた。

「『男は東電に行けば一生安泰、女だったら東電職員と結婚するように』といわれていた」

2017年秋、かつて原発で働いていた浪江町の今野寿美雄《すみお》さん(53)は振り返る。

東京電力には、福島で採用され、福島で働く現地採用枠があった。今野さんは幼いころから東電に入社したいと思っていたがかなわず、諦められずに下請け会社に就職した。それぐらい東電は地元の男性にとってあこがれの就職先だった。

しかし、事故で一転、憎まれる対象になった。社員たちは自分も被災者となって逃れた避難所でも辛い言葉を浴びせられ、胸ぐらをつかまれ、社員の家族にも冷たい視線が向けられた。

筆者も、「避難先では子どもが東電社員だと周りに打ち明けられない」と言う父親に話を聞いたことがある。

「子どもたちは、遺書を書いて福島第一原発の作業に向かった。事故を起こして申し訳ないとは思う。けれど私も親なんです。津波対策を怠《おこた》った上層部ならともかく、現場をそんなに非難しないでほしいという思いもあります」
第一線で働いてきた現場の人たちは事故の只中に置かれ、辛い思いを背負っている。

高卒現地採用の東電職員の独白

当時、現場にいた若い東電社員の一人は、高卒の現地採用枠で入社した。生まれたときから福島第一原発はあった。小さいころから、東電が近くに建てた原発のPR館を見に行っていた。「未来の安全なエネルギー」と高らかにうたう原発は、あこがれの就職先だった。倍率2～3倍を勝ち抜いて内定を得た。職場は、緑色のパネルがずらっと並ぶ中央操作室のイメージだったが、実際には狭いところや汚いところに潜《もぐ》り込む作業もあった。それでもやりがいを感じていた。

そんな〝普通の一日〟だったはずの3月11日のあの日、稼働中だった原子炉が地震のため緊急停止した。若い東電社員は指示されて建屋地下に入り、非常灯と懐中電灯を頼りに、止まった機器を再起動させるためにスイッチを入れていった。

今日は残業になるな。日付が変わらないうちに帰れればいいな。まあ、異常がないことが確認できれば終わりだろう……と、割とのんびり構えていた。気象庁が発表した津波の予想は3メートル。どうせ来ても1メートルぐらいかと思いながら作業を進めていた。

非常灯が全部消えたのは、まさにそのときだった。

若い東電社員は驚いた。非常灯が消えるなんてただごとじゃない。真っ暗な中、懐中電灯の光を頼りに戻ろうとしたが、海水が入ってきた。海抜10メートル。まさか、ここまで……。砂やヘルメットが散乱している。それらを乗り越え、飛び越えながら上がった。

タービン建屋の地下にあった非常用発電機は水没した。

別棟にある中央操作室に行った。普段は原子炉、タービンの運転や監視を行い、核分裂から発電まですべてをコントロールする。しかし、電源がないので何もできなかった。テレビも見られず、情報もない。本部の指示待ちだった。

操作室の電話が鳴り続けた。応えて切ると、すぐまた鳴って……の繰り返しだった。じりじりした。中央操作室、グループマネージャー、部長、所長、本店（東京の本社）、国と伝達経路が長く、時間が無駄に失われていくように感じた。

若い東電社員には、「帰りたい」という思いもあったが、「人がいない、自分たちしかいないんだ」と自分に言い聞かせた。電源がないかと、バッテリーや発電機を備えた機械を探しに外を歩き回った。海水をかぶった影響か、動くものがなかなかなかった。

ＰＲ館のことが頭をよぎった。原発は絶対に「安全だ」と言っていたはずだ。ペレット、燃料被覆管、鋼鉄製の圧力容器と格納容器、コンクリートの外側の壁。いわゆる「五重の壁」だ。原発は「絶対安全」なんだ。こんな事態だが、何か絶対に解決策があるんだろう、と思った。

「とりあえず水を入れないと」

冷やせないと炉心溶融が起こる。消火ポンプで注水できないか試していたが、海水が入った影響か、動かなくなった。本部の指示を待つしかなくなり、若い東電社員は同僚たちと中央操作室で待機した。チェルノブイリと同じになるんじゃないか。圧力容器のふたが吹っ飛ぶんじゃないか。頭をよぎる最悪の事態。

これだけ技術力がある時代なんだ。東電がダメだとしても、非常時のときは何か方法があるはずだ。早く何とかできないか——。祈るような気持ちでいたとき、轟音《ごうおん》がした。

「すんごい音」だった。地震の揺れとも全然違う揺れ。おかしい。これは「(自分は)死んだな」と思った。

中央操作室には窓がない。何が起こったのかわからない。

操作室に電話がかかってきた。

「1号機の建屋が見えないくらい煙が上がってる」

爆発は午後3時36分だった。目には見えない。においもない。何かが爆発した。おかま(圧力容器)が吹っ飛んだのなら、ものすごい放射性物質が放出される。

「1号機が骨組みだけになってる」との情報もあった。水素爆発か水蒸気爆発か。

1号機にも2号機にも人がいたはずだ。社員や消防はどうなったんだろう。じっと中で待機した。何もしなかったし、できなかった。

ふるさとだから、行くしかない

爆発から2〜3時間が過ぎた。危険だという思いと緊張感が高まる。このままだと危ない。そんなとき、年長の一人が言った。

「20〜30代だけでも免震（重要）棟に上げろ」

このときはすでに休みの社員も出勤、夜勤の社員もいつもより早く出てきており、30〜40人がいた。免震棟は鉄筋コンクリート造で対策本部が置かれている。いまいる中央操作室よりは放射線量が低い。

若い東電社員ら若者は避難することになり、全面マスクと薄い作業服、手袋で全身を覆った。20〜30人で一斉に350メートルほど離れた免震棟に向かって走った。

敷地内はがれきだらけで、車やバスはいっさい使えない。1、2号機に近づかないように遠回りして向かったため、1キロほどになった。被曝を最小限にしようと走り続けた。息苦しかった。

免震棟では電気がついていて、テレビもパソコンも使えた。ここの発電機は生きていたのだ。着いてすぐに、4号機に向かった同僚2人が不明だと聞いた。地元の双葉郡出身の小久保和彦さん（24）と青森県むつ市出身の寺島祥希《よしき》さん（21）だ。この若い東電社員は、2人のことをよく知っていた。

彼らは、自分たちと同じ指示を受けていた。3、4号機の放水口は海に近く、消波ブロックもない。だから海水が逆流したんだと思った。無事であってほしい。でも、自分たちもどうなるかわからない……。

それからは免震棟でひたすら待機した。待っている間に、3月14日に3号機が爆発。その後、2号機の燃料が損傷していった。

若い東電社員は福島第二原発の体育館に避難した。16日の夕方まで待機し、「いったん家に帰れ」ということになった。

1週間ほどして、若い東電社員は会社から再び呼び出された。

父は何も言わなかったが、母は「行くんじゃない」と言った。

それじゃあ誰が行くのか、自分たちしかいないだろう、と自分を奮《ふる》い立たせて原発に向かった。自分が育ったふるさとだ。被害を最小限に抑えないといけない、と。

第一原発に戻った若い東電社員は、作業員のタイベックスーツ（防護服）や合羽《かっぱ》を脱がす作業や、建屋入口にある機器のスイッチを操作する仕事をした。体育館で寝泊まりし、何かあれば夜中でも呼び出された。

その頃、インターネット上では、行方不明になった小久保さんと寺島さんが職場を放棄して福島県郡山《こおりやま》市で飲んでいたというデマが流されていた。

「俺たち津波にさらわれて行方不明になってるんじゃないか？　顔写真付きで報道されたりして。アハハハハ！」

「もう放射能が大変で……ありゃもう、ダメだな」

そんな会話をしていたというのだ。若い東電社員は思った。そんなはずないだろう。なぜありえない情報が拡散していくのか。悲しみ、なにより悔しかった。インターネットでデマを広げている人たちは、いったい何が楽しいのか。

3月30日に地下で見つかった2人の死因は、多発性外傷による出血性ショックだった。

2人は自分と同じように、上司に言われて作業をし、命を失った。東電の社員というだけで、そこまで貶《おとし》められることに、憤《いきどお》りも、恐怖も感じた。

2人の死が発表された後も、デマはインターネット上に流れたままだった。

会社から秘密にされた被曝量

若い東電社員は、夏が過ぎ、秋になって落ち着いてから不安がこみ上げてきた。使命感で作業に取り組んだが、放射線量が非常に高かった事故直後にはＡＰＤ（アラーム付き個人線量計）をつけずに働かされていたため、自分自身の被曝量が測定できていない。そのことが急に気になりだしたのだ。

通常、社員や作業員はＡＰＤを身に着けて被曝量を測定している。ところが、ＡＰＤ約５０００個の大部分が津波でやられてしまい、残ったのは免震重要棟などにあった約３２０個。

当時、東電は「班の代表者だけが測定すれば足りる」という運用をした。事故対応に当たる中、途中でほかの発電所から大量の線量計が送られてきたが、それでも班の代表のみの運用を変えず、延《の》べ３０００人に線量計が渡されなかった。

若い東電社員が所属する８人の班の班長の、ある期間の線量計は14ミリシーベルトを示した。線量は場所によって大きく異なる。中央操作室に行ったときは０・０３〜０・０４ミリシーベルト毎時。それに対し建屋内は、１ミリシーベルト毎時を超えるところもある。特に排気筒の近くは非常に線量が高い。爆発で高線量のがれきが落ちている場所もあり、数メートル離れるだけで線量はまったく異なる。にもかかわらず、全員が所属する班の代表と同じ値とされた。

3月31日になって、東電は原子力安全・保安院から注意され、一人一人にＡＰＤをつける従来のやり方に運用が戻った。のちに「被曝量を修正する」として、初めの1週間にどこで何をしていたか細かくヒアリングされた。それでも、どこまで反映されているかわからない。当時の各場所の線量がわからないのだから当然だった。

初夏になって初めて、体内に取り込んだ放射性物質からの線量である、内部被曝量を測ることができた。福島県いわき市に測定用のバスが来て、簡易式のホールボディカウンターで計測した。自分の数値を教えてほしい、と会社に頼んだところ、「個人情報だから教えられない」と言われた。自分自身の線量ではないか。おかしい。

何度か聞いてようやく教えてもらった数値は、50ミリシーベルトを超えていた。これまでは、多くて年間で数ミリシーベルトだった。通常、法定の被曝限度は5年で１００ミリシーベルト。普段は、それを超えないように一年18ミリシーベルトを限度にしている企業が多い。一年間に浴びる限度量の3倍……。

仲間内では「線量の測定方法がおかしい」という話で持ちきりだった。測った機器によっても値が違う、ともいわれた。同じ行動をしていた人でも、茨城県の簡易式ではない別のホールボディカウンターで測定した結果、自分よりも10ミリシーベルトも高く値が出た人がいた。

50ミリシーベルト以上の内部被曝に加え、修正したうえでの外部線量は30ミリシーベルト以上となった。合わせて80ミリシーベルト以上だ。

国は被曝量の労災認定基準を設けている。白血病になった人が、仕事で一年に5ミリシーベルト以上を被曝したことが証明できれば労災認定される。ほかに、悪性リンパ腫は年25ミリ以上、多発性骨髄腫は累積50ミリ以上、胃がん、食道がんなどは累積100ミリ以上という目安がある。労災申請すると、被曝量と発症までの期間などの条件を満たすことで、「被曝と発症に因果関係がある」と認定される。それ程の線量を浴びた。

若い東電社員は思った。

怖い。結婚もしたいし、子どももほしい。20年後に影響が出てがんになったらどうしよう。

転勤を願い出たが、「まだ100ミリまで浴びていない。線量が高い人から（福島から）出す」と上司に断られた。

若い東電社員は、辞めることも考えた。母親も退職を勧めてくる。これ以上はないという恐ろしい思いをした。原発はもう嫌だ、という思いでいっぱいだ。

しかし、福島第一原発の現場は現地採用が大半という現実があった。自分たちがいなくなったら、誰が作業するのか。それに、自分が東電社員だと近所も親戚も同級生もみんな知っている。辞めたとき、「どうして辞めたんだ」と責められるのではないだろうか。この若い東電社員に限らず、口にせずともみなが不安に苛《さいな》まれていた。

逃げるのも怖い、働き続けるのも怖い。

出勤するたびに、逃げ場がないような気持ちになる。震災後、数週間でうつになった人もいる。事故直後は「しょうがないかな」と作業してきたが、秋になって、自分ももう、病んできているようだ……。

「損するのは現場なんだよな」

「未来の安全なエネルギー」を担ってきた現場の一人として、どうしてこんなことになったのか、と若い東電社員は考える。

会社は利益を追求して、こんな危ないものをつくってしまった。学者の意見を無視してしまった。なぜ大津波が来ても非常用電源で原子炉を冷やせるよう、ちゃんと対策を講じておかなかったのか。

東電の常務や社長が現場に来たこともある。

「みなさん、ありがとうございます」

口ではそう言う。だが、その言葉を聞いても「苦労かけて悪いな」「がんばって」と労《ねぎら》われている感じはしなかった。まるで他人事《ひとごと》のようで、東京の本店と現場の埋めようもない距離を感じた。

福島の住民たちは口々に、「新橋の一等地に本社を置いていないで、（原発のある）楢葉《ならは》町に本社を置いてやれ」と言っていた。その気持ちは、現地採用の東電社員である自分にもよくわかる。

福島第一原発にいる自分たちの境遇については、「ここにいるんだから仕方ないだろ」と見られているように感じる。でも、みんながみんな、あぐらをかいていたわけじゃない、ということは知ってほしい。少なくとも、自分はあの恐怖の中でやれることはやった。

父親は「損するのは現場なんだよな」と言っていた。まったくその通りだと思う。

若い東電社員の彼は、1年以上経って配置転換がかなった。だが、「期間限定」と言われ、数年後にまた辞令が出て、再び福島に戻っていった。

50代の無職が26％という現実

東電とともに生きてきた現地の人たちが選んだ道はそれぞれだ。福島第一原発に残った人もいれば、離れて別の道を探す人もいる。だが、中には前に進むこともできず、どうしようもなく立ちすくむ人たちがいる。再就職が難しい50代の男性たちだ。

福島第一原発で電気関連で働いていた50代の男性は、いわき市の避難所で「もう二度とイチエフ（福島第一原発）に入らない」と赤い顔で話した。横には空いたカップ酒があった。埼玉県で話を聞いた男性も「こんな危ないものだとは知らなかった」と語った。やはり50歳前後だった。だが、職を離れて次の仕事のあてがあるわけではない。

東電関係者に限った調査ではないが、福島大学が原発周辺の双葉郡の町村住民を対象にした２０１７年２～３月の調査（回答１万81人）では、将来の仕事や生活について「あまり希望がない」が最多の31％。「まったく希望がない」が19％だった。50代で無職と答えたのは、26％に上った。

福島第一原発の南側の楢葉町にも、原発で働く人が多く住んでいた。楢葉町で下請け会社を経営し、現場監督として働いていた当時48歳の男性は、２０１１年３月の事故後すぐに福島第一原発に入った。

ぐちゃぐちゃになって壊れたその姿に、「原発は安全だ」という価値観が丸ごとひっくり返された。

同年4月にも再び呼ばれて第一原発で働いたが、それ以降は「もう壊れた原発の姿を見たくない」と思い、妻と子どもたちが避難している埼玉県に向かった。

2015年9月になって、楢葉町の避難指示が解除された。間もなくこの男性は一人で地元に戻った。楢葉町の自宅をリフォームし、家族に帰ってきてほしくて、家の中に積算線量計を置いて測った。一年間で0・1ミリシーベルトだった。妻に説明した。

「線量はあまり大したことがない。おれは原発で働いていたんだからわかる」

「原発から近いのは嫌です」

それが、妻の返事だった。

男性は避難中に糖尿病になり、さらに2016年5月にはうつ病と診断された。以来、いわき市の心療内科に通っている。

筆者が男性に話を聞いた2017年4月、男性は54歳になっていた。白髪交じりで疲れた表情をしており、実年齢よりもずっと上に見えた。

長男も長女も20代になり働いている。妻と子はすでに埼玉で家を買った。以前は、月に一度は片道2時間40分かけて車で埼玉の家族の元に行くようにしていた。ところが、いつしか足は遠のき、前回いつ行ったか思い出せない、と言う。

もう、あっちの生活のほうがいいんだろう――。

家族で一緒にいたかった。寂しくて、悲しい。男性は酒に頼るようになった。暇があると、酒ばかり飲んでいる。飲むと少し、気分が上がる。酔いが醒《さ》めるとまた悲しくなってくる。だからまた飲む。飲めば眠くなる。飲んで寝ちゃったほうが「勝ち」だと思う。

それでも飲んだあとの眠りは浅く、夜中に最低でも2回は起きてしまう。悪循環だ。


政府が楢葉町の避難指示を解除してから約2ヵ月経過した時点での帰還率は4％台だった。その後もあまり上昇せず、町は2017年3月3日現在の11・1％を最後に数字の公表をやめた。代わりに分母を住民基本台帳人口、分子を新たに入ってきた原発作業員や復興工事作業員など新住民を含めた現居住者数にした「町内居住率」を発表している。

最後に発表した2017年3月の帰還者の年齢別内訳では、60代以上が65％、未成年は5％にとどまる。

前出の元現場監督の男性の近所では、60～80代の高齢者しか帰ってきていない。近所では50代のこの男性が最も若いという。男性は、筆者に言った。

「もう原発はどうなるかわからないから辞めようと思う。普通の仕事して、普通に死ねればいいな。いまさら新しい仕事もできないし、どうすっか。いまは賠償が月16万円出ているけれども、東電が打ち切ると言っている。おれたちに死ねっていうのかな」
息子も原発作業員だった。彼らが壊されたのは仕事への誇り、家族との生活、そして健康……。再び立ち上がるだけの気力はもはやない。

果てのない流浪の民

「東電で働きたい」との思いもあって原発関連の下請け会社で計約20年働いていた浪江町の今野寿美雄さんは、浪江町赤宇木《あこうぎ》で生まれ育った。浪江町でも山側の地帯で、酪農や畑、水田が広がるのどかな地域だった。

東電や子会社に親族のうち3人が勤めていた。今野さん自身も18歳で大熊町の下請け会社に就職した。当時は福島第一原発、第二原発ともまだ建設中だった。第一原発の廃棄物処理施設や第二原発2～4号機の建設、第二原発のメンテナンスを担った。朝は午前8時から、遅いときは午前2時3時まで働いた。

仕事を請ける元請け会社が一日の間に日立、東芝の関連会社、東電の子会社と変わるため、今野さんもそれに合わせて一日6回も制服を着替え、6種類の仕事をしたこともある。原発の定期点検に入ったときは年に最大12・8ミリシーベルトを浴びることもあったが、ふだんはほとんど被曝を伴う作業はなかった。

その後、原発の下請け業者の人に、別の原発下請け業者で事務職として働いていた町内の女性を紹介されて結婚。町内の高台に一戸建てを建て、2005年6月には男の子が生まれた。家の2階の窓からは福島第一原発の排気筒を遠くに望むことができた。とても気に入っていた。

仕事があるたびに各地の原発を回る「原発ジプシー」といわれる生活だったが、福島第一原発と第二原発の仕事が比較的多かった。2011年3月11日のあの日は宮城県の女川《おながわ》原発で働いていた。非常用電源でテレビを見ることができ、BSニュースで1号機の爆発を知った。原子炉建屋の屋根がなくなっていた……。

浪江町は110キロ以上離れている。5歳の息子と妻は無事だろうかと思ったが、電話が通じない。15日朝に女川原発を出て、石巻《いしのまき》市まで出てきてようやくメールで連絡がつき、茨城県にある妻の叔母の家に避難していることがわかった。午後8時に茨城県のJR古河《こが》駅に着いて改札を出たとたんに小さな体がぶつかってきた。

「パパ、生きてた」

そう言って足にしがみつく。息子だった。「足、ついてるね」と確認していた。死んだと思っていたようだった。抱き上げると、首に抱きついてきた。

10日ほど家族と過ごした後、今野さんは一人で再び福島県に戻った。原発の情報が入ってこなかったためだ。避難所となった福島県二本松市の体育館に行くと、そこで目にしたのは小さくなっている東電社員の姿だった。知り合いだった。

浪江町の海沿いの請戸《うけど》地区は、津波で壊滅状態になった。原発事故のために、消防団の救助活動もできなかった。

「原発事故がなければ助けられたかもしれない」

家族と連絡が取れないとうなだれ、泣く人たち。

「原発のせいだ！」

一人の男性が叫んだ。60〜70代に見えた。請戸地区の人だった。酒を飲んでいた。罵声を浴びせ、詰め寄っていく相手は、小さくなっている知り合いの東電社員だった。

東電社員はじっと黙って耐えていた。黙っているしかないようだった。今野さんには、現場の社員に何も力がないとよくわかっていた。可哀想だと思った。悪いのは上だろうに。

するとと酔った男性が包丁を振り回し出し、警察が来る事態になった。

今野さんは、体育館で「悪いのは経営陣なんだから。現場のせいじゃないだろ」と言って回った。だが、何を言ってもダメな人はいた。家族を失った人だ。やるせなかった。

もう一つ、今野さんが言って回ったことがあった。

「もう、浪江には帰れないと思うよ」

働いていた立場として、事の重大さもわかっていた。自分たちは果てのない流浪の民になった、と今野さんは思った。

テレビに、前に勤めていた下請け会社の同僚が第一原発構内で水位計を設置しに行く姿が映った。とんでもない被曝量だろう。大丈夫だろうか、と心配になった。

「一日8万円で原発で現場監督をやらないか」

避難所で声をかけられたが、今野さんは受けなかった。行ったら生きては帰れないだろう、と思ったからだ。

避難所として旅館があてがわれ、息子、妻と入った。その後も「第一原発で仕事をしないか」と何度も誘われたが、避難者の自治会長になったことや、息子の保育所の送り迎えがあり、断り続けた。「もう関わりたくない」という思いもあった。

続く訃報、自死、冷たいまなざし

今野さんの実家のある浪江町赤宇木地区は放射線量が特に高い。帰る見通しのつかない帰還困難区域となり、3・11当時住んでいた359人は各地に散り散りになった。

今野さんの近所の住民で、福島第一原発で働いていた人が、２０１１年11月に自ら命を絶った。福島市に隣接する伊達郡桑折《こおり》町に避難していた今野富夫さん（59）だ。

真面目な人だった。この地区は10軒ほどで「結《ゆい》」と呼ばれる相互扶助の共同体をつくっており、田植えや稲刈りを集団で行う。今野さんいわく、ルーツが同じなのか、この地区は「今野」という名字ばかり。そのため、「富夫さん」とみんな下の名前で呼んでいた。

富夫さんも福島第一原発で働いていて、今野さんも現場で会ったことがあった。

富夫さんは事故後、妹の家に避難し、月に数度、飼っていた柴犬にえさをやりに自宅に戻っていた。ところがこの日、出かけたまま帰ってこなかった。夜になって、心配した妹が警察官と赤宇木の家を訪れたところ、富夫さんは血まみれで倒れていた。腹を包丁で刺していた。そばには血だらけの裁ちばさみも落ちていたという。

初めにはさみで刺し、死ねなかったので包丁で刺したのだろう、ということだった。

筆者は、神奈川県小田原市に住む兄の藤原豊勝さんのもとを訪ねた。

「富夫は、浪江に行くたびにしょげて帰ってきていたと聞いた。道路工事で原発で働いていて、震災の日も第一原発にいたそうだ。妹から『死んじゃった』と聞いて首吊りかと思ったら、切腹だものな……。痛かっただろうに」

藤原さんは、富夫さんを自分が住む神奈川県に埋葬した。赤宇木地区の積算放射線量は

2011年12月に100ミリシーベルトを超えている。放射線量が高く、墓参りに行けないからだ。

富夫さんが大事にしていた柴犬は、どこかにいなくなっていたという。藤原さんは言う。

「逃げて良かった。もうあの地域は、誰も帰ってこれないよ」

富夫さんの訃報を聞き、憤りを覚えた今野寿美雄さんは、福島市の東電補償相談室に駆け込んだ。

「先の見通しがつかないから死ぬんだ。もっと自殺者が出るぞ」

富夫さんの5ヵ月前には、「原発さえなければ」などと書き置きを残し、首を吊った福島県相馬市の酪農家(54)がいたことも頭にあった。いつまでも帰れないのではないか、という絶望感が広がっていた。今野さんには、見通しがつけば富夫さんも死ななくて済んだだろうに、という悔しさがあった。

2012年には、浪江町中心街のスーパーの店長が自殺した。自殺ではなくても、避難生活で体調を崩して亡くなる人たちが続出し、葬式が続いた。仲が良かった夫婦もがんで次々に亡くなった。

2017年9月には、今野さんの本家のおばあさんが亡くなった。山菜採りやキノコ採りが得意で、今野さんが実家に帰ると、煮物や漬物を詰め込んだ重箱を持ってきてくれた人だった。彼女は福島市に避難後、郡山市に移った。2〜3年して認知症になり、今野さんが誰かもわからなくなった。車いす生活になり、最後は3ヵ月入院した後、亡くなった。葬儀で、葬儀委員長が涙ながらに語った。

「事故から6年半経った。あんなに元気だったのに。事故さえなければもっと長生きできたのでは」

今野さんの仕事仲間は、半分以上が原発を離れた。バーを開業したり、新たな仕事に就いた人もいる。一方で、管理職になったため辞められずに、放射線量が限度を超えたのでいったん県外に転勤し、また戻って来る人もいる。

東電や関連会社で働く人たちには、「自分で就職先をそこに選んだのだから」と、冷たいまなざしを向ける人もいる。

今野さんは、親戚の葬式で富岡町の東電子会社に勤める40代男性に久しぶりに会った。福島第一原発の作業で放射線を限度量近くまで浴び、第二原発に移っていた。

「誰かがやんなきゃならないでしょう。ほかの仕事もないし、辞めるに辞められない」

代わりの仕事をするにも見つからない。子どもや妻を養わなければならない。

「がんにならなきゃいいな」

つぶやいた言葉が、今野さんの耳に残っている。

声を上げられない、だからやる

今野さんが自宅を建てた高台の新興住宅街の地区は、比較的線量が低いとして、2017年3月末に避難指示が解除された。だが、土が汚染されているため、今野さんに戻るつもりはない。

いまは元原発作業員として、原発関連の集会で「解除されても土が放射線管理区域以上に汚染された場所が多い。私の自宅も測定したところ、そうでした」と現状を話している。「復興の足を引っ張るな」とインターネットに書き込まれることもあるが、「自分は当事者で原発で働いていたんだ。本当のことを言って何が悪い」と思う。

かつての原発作業の仲間たちからは、「おれたちは声を上げられない。がんばってくれ」と言われる。「友達や親戚に東電関係者がいる。声を上げられないから」というのだ。

今野さんは、現在は小学6年生になった息子、妻とともに福島市内に避難している。賠償が打ち切られた後、どう生計を立てていくかはわからない。

震災当時、2階建ての自宅は築9年だった。2017年11月時点でも、線量は自宅2階の天井付近で0・8マイクロシーベルト毎時ある。屋根の汚染がひどいためだ。居間には息子が5歳のときの写真が貼ってあり、プラレールや車のおもちゃが散らばったまま。息子は一度も連れて来ていない。自宅の2階の窓からは、福島第一原発の排気筒に加えて、がれき撤去のためのクレーンが立っているのが遠くに見える。

今野さんにも、いまだ「原発で働かないか」という声はかかるが、断っている。

「もう原発では働きたくない。かといって、50を過ぎて新しい仕事をしようとしても、どこも雇ってくれないでしょ」

第2章 なぜ捨てるのか、除染の欺瞞

除染現場の各地で、汚染物質や水をそのまま廃棄する「手抜き除染」が横行した

「底辺」に残された4柱の遺骨

福島県南相馬市、JR常磐線原ノ町駅の近くに寺がある。真宗大谷派原町別院だ。交通量の多い通りから一本奥まっており、周囲は静かだ。

2017年11月、本堂の隅に設けられた棚に、4人分の遺骨が安置されていた。一人一人四角い骨箱に入れられ、白く包んである。外側には法名が記されている。引き取り手がない、九州などから出稼ぎに来た除染作業員たちのものだ。遺骨はいっときには6人分があった。肝硬変で弱った末に亡くなった人、防護装備がないまま作業について蜂《はち》に刺された人……死因はさまざまだ。

南相馬市は除染作業員の拠点の一つだった。全域に避難指示が出て住めなくなった近隣自治体と違い、南相馬市は中心部を含め居住可能な地域が多かった。このため、市内には飯舘村や浪江町の除染を担う業者がプレハブ宿舎を次々と建てた。最多時で1万人近くが滞在していたとみられる。

6人分の遺骨のうち、遺族が引き取りに来たのは2人分だけだった。親兄弟が受け取りに来ず、代わりに姪が来た人もいた。子どもが5人いる男性もいたが、警察が連絡してもけんもほろろだったという。僧侶の木ノ下秀昭さんはつぶやく。

「一人一人、物語がある。みんな元々は家族がいるんだよね。それが、何かの理由で除染作業に入ったときにはもう縁が切れている。子どもたちが『そんなもの知るか』と親の骨も取りに来ない。そういう世の中なのかね。どん底に落ちると、そこから立ち直れない。それを社会で保護するというのが、日本は機能していない」

中には葬式が終わった後で、広島県から41歳の息子の遺骨を取りに来た母親もいた。この男性は宿舎で倒れていたという。

南相馬市は福島県北東部に位置する。原発事故のため、東京から南相馬への主要交通機関だったJR常磐線が断たれ、この地は「陸の孤島」といわれるようになってしまった。福島市からはバスでは2時間近くかかる。母親は、バスを乗り継いで南相馬市まで行こうと思って、広島のバスの中でいくらかかるかを聞いた。広島から東京、東京から福島、福島から南相馬……1000円足りなかった。

その後、警察から広島の母親のもとに息子の預金通帳が届いたという。見ると、被曝の危険を考慮した特殊勤務手当（除染手当）1万円を含めて一日1万8000円のはずが、一日7000円しかもらえていなかった。それでも、母親のために残していた貯金があった。そのお金で母親はようやく寺を訪ねることができた。

母親は、息子の遺骨を抱いて泣いていたという。

除染作業は、放射性物質に汚染された草を刈ったり、表土を取り除いて袋に入れて運んだりするのが主だ。特別な資格は不要だが、新たなスキルを得られるわけでもなければ、経験を積んで先々の仕事につながるというものでもない。時限的でやがて終わることがわかっている。それでも、一日1万円の除染手当は魅力だ。借金返済や当座の生活費、目先のお金が必要な人たちが釜ケ崎《かまがさき》（大阪・あいりん地区）、北海道、東北、九州、沖縄と全国からやって来た。ハローワークのほか、手配師といわれる業者を通じて集団で来るグループもいた。家族の絆《きずな》が切れて独りぼっちの人も多かった。

悪質な業者も多く、除染手当の不払いも横行していた。残業代がもらえない。寮費と称して勝手に天引きされる。被曝を防ぐマスクがない。ほとんどの作業員が泣き寝入りした。

作業員が勇気を振り絞って「手当を出してもらえませんか」と言えば恫喝《どうかつ》された。「ヤクザとつきあいがある」とうそぶく除染業者もいた。各地からやって来た作業員たちは孤立してバラバラ。「自分がもらっている日当を言うな」と雇い主に口止めされ、一緒に声を上げられるような組合もなかった。

東京・山谷《さんや》を拠点に、日雇い労働問題の解決にあたってきた企業組合「あうん」の中村光男さんは、除染作業員や原発労働者の支援にも入っている。多重下請け構造の中で、悪徳業者に拘束されて搾取《さくしゅ》されながら働く日雇いの人たちを山谷で何十年も見てきた中村さんが、除染現場で言う。

「ここは底辺の最たるところだ」

除染作業員の怒り

2016年が明けた冬のある日、浪江町の小学校のグラウンドに作業服の人たち約1000人が並んで立っていた。除染作業員たちの朝礼だ。ヘルメットにマスク姿。男たちの吐く息は白い。子どもの姿はない。この校舎は原発事故のため閉鎖されている。

壇上で、元請けのゼネコン社員がマイクを握り、ある作業員の死を告げた。福島県外から来ていた60代前半の男性作業員が休日に南相馬市にある寮の部屋で一人で酒を飲み、トイレに立ったまま戻らず、翌朝冷たくなっているのを発見された。

「深酒には気をつけるように。飲酒運転事故も起きている」

哀悼の意ではなかった。ゼネコン社員は、日常の注意事項として淡々と述べた。

最前列で聞いていた40代の除染作業員の男性は、前に飛び出しそうになった。

「ふざけんな！」と言いたかった。

後ろにいた青森県出身の同僚が「まあまあ」と肩を叩き、なだめた。

この40代の除染作業員は亡くなった男性と知り合いだったわけではない。全国から1000人もの作業員が集まる現場だ。それでも自室で孤独に酒を飲む心情はよくわかった。

除染作業員たちは、南相馬市内の飲食店で評判が悪かった。飲食店に行くと、店はガラガラなのに「予約で一杯なので」と追い出される。作業員たちが酔っ払って暴行などのトラブルを頻繁に起こしていたためだ。

犯罪も目立った。福島県警によると2017年末までに逮捕・摘発された除染作業員は706人におよぶ。最多は窃盗で220人、傷害が133人、覚醒剤取締法違反が79人と続いた。作業員宿舎建設には、住民の反対が相次いだ。

40代の除染作業員は、やる気やモラルの低い者も多く目にした。「中に何があるのかな」と勝手に民家の倉庫に入っていく者もいれば、家主から除染の同意がなく立ち入れないにもかかわらず、敷地内に入って立ち小便をする者までいた。作業中に「昨日のあのテレビ番組見た?」と雑談に花を咲かせる者も多かった。2人が3人、3人が4人と、雑談の輪が広がった。除染作業中に出てきた蛇をふざけて捕まえる者もいた。

除染作業自体、難航した。避難指示区域には野生動物が跋扈《ばっこ》した。イノシシやサルの群れに遭遇すると、作業を中断して、通り過ぎるのを待たなければならない。住宅の柿の木にもサルが群がる。

ストレスが多い仕事、職場なのに、出かけて飲みに行くこともできない。かといって、休める家庭のない孤独な人も多い。この40代の除染作業員の男性も離婚歴があり独り身だった。除染作業員が死んでも遺体の引き取り手がなくて苦労するとも耳にしていた。

そんな中で聞かされた一人の作業員の死だった。可哀想に。せめて畳かベッドの上での最期だったらよかったのに——。誇りを持てる仕事にしてこなかった環境省やゼネコンも悪い。その死を、事故報告として淡々と言われたから怒りがこみ上げた。

プライドと差別

この40代の除染作業員の男性は、２０１２年10月から16年6月ごろまで、福島県内の5市町村で除染作業についた。北海道札幌市出身で、5人きょうだいの次男だった。

実家は貧しく、とても高校に行ける状況にはなかった。職業訓練校で溶接と液化石油ガス設備士の資格を取ったのち、働きに出た。群馬、埼玉、北海道と車関係の下請けの仕事を転々とした。機械での検査作業、パレットの台車積み込みと、何でもやった。ありつける仕事は派遣社員や契約社員としてのものばかり。仕事がつらく、「どうしてこんなに苦しいのか」と悩み、やがて人生について詩を書くようになった。

1998年に結婚し、短歌や詩には妻への思いがのせられるようになった。そうして書いた一遍の詩がある賞で佳作を取り、詩集に掲載された。

すると東京の出版社から「売れるから詩集を出版しないか」と持ちかけられた。2冊出版した。自費出版とは違うと説明されたが実際には製作費や宣伝費がかかり、本は売れず、残ったのは借金約200万円だけだった。

北海道は給料が安かった。そこで妻に言った。

「内地（本州）のほうが稼げるから、行こう」

「私はついて行けません」

それが妻の返事だった。2007年秋に離婚。この日のことは忘れられない、という。

仕事を転々とし、2011年、男性は富山県にある大手自動車会社の下請け工場で働いていた。「3月末まで勤めれば準社員にする」と言われた。期待していた。ところが、原発事故で部品の供給がストップ。準社員になるという話がなくなったばかりか、仕事そのものを失った。

次の派遣先は、大型バスをつくる会社だった。勤めた当初は「増産します」と言っていたのに、その3ヵ月後に「人員削減します」と切られた。その後、森林組合で慣れない草刈りの仕事についた。

相手の企業の状況で翻弄《ほんろう》される不安定な生活が続く。借金は減らなかった。そんな思いがあり、人の役に立つ仕事がしたい。できれば復興の仕事がしたい。そんな思いでいたときに、「除染の仕事ならある」と声をかけられた。福島県に行き、2012年10月から田村市の除染作業についた。除染作業がどういうものか知らなかったが、行ってみると草を刈り、草や土や葉を袋に入れていく作業だった。

雇い主は埼玉の警備会社だった。寮としてあてがわれたバンガローは寒かった。相部屋の仲間たちと飲みながら語り合った。首都圏や東北など、各地から集まっていた。

森林組合での経験が役に立ち、刈払機で草を刈った。それまで経験してきた工場の機械的な仕事とは違い、「自分は除染作業員だ」とのプライドを持つことができた。

あるとき、仲間たちと合コンに参加することになった。

「除染作業員と言って引かれたら困るから、建設作業員と言おうぜ」とすすめられたが、40代のこの男性は一人、「除染作業員です」と名乗った。なぜ隠さなければならないのか、と思ったからだ。

しかし口にした途端、女性たちからは「えー」と引かれてしまった。それでもめげずにその後の合コンでも名乗り続けた。

川に流された汚染物質

２０１２年11月16日午前、「事件」が起きた。

この札幌出身の40代の男性は、数人で小さな沢の除染を指示された。落ち葉や土をかき集めて袋に詰める作業で、急峻《きゅうしゅん》な坂だった。この周辺の除染を16日と17日で終わらせる、という話だった。除染作業の予定は大幅に遅れ、工期に間に合いそうになかった。

袋は坂の上にあった。札幌出身の男性は、仲間たちと熊手を持って沢に降りた。草木を集めて坂を上がるのはすごく大変だろう。今日はきつい作業になるな、と思った。

沢には幅2〜3メートルほどの小川が流れていた。美しい澄んだ水で、川底が見える。

班長が崖の上のほうから言った。

「川に流しちゃっていいよ」

葉や土を集めずに流せということか。まさか。冗談かと思って、聞こえなかったかのように熊手で葉を集める作業を続けた。

「早く流さんか！」

崖の上からさらに叱声が飛んだ。葉や土は汚染物質であるため、素手で触ってはいけないと教育されていた。本当にやっていいのか。

だが、班長に逆らったら「クビだ」と言われて終わりだろう。仲間たちと顔を見合わせ、男性は仕方なく従うことにした。熊手で葉や土を坂の斜面から川原に落とし、そこから川に流す。川の3分の1ぐらいが黄土色になるぐらいに濁った。小川から突き出た岩のまわりに葉や茎、土がたまった。スギの葉が目立った。汚染物質が回収できなくなった、と胸が痛んだ。

17日にも同じ指示があった。

自分は除染作業員。人に誇れる仕事をしているつもりだった。そのプライドが、粉々に砕けた。だから、合コンでも除染作業員という肩書を隠さなければならなくなるんだ――とも思った。

男性は、これまでにもおかしなことを見聞きしていた。

放射性物質が付着するため、作業で使用した熊手や長靴は、所定の場所に設けられた洗い場で洗浄することになっていた。しかし、多くの人が、洗い場まで行かずに川でそのまま洗い流していた。駐車場にしていたスペースが泥でぬかるむと、除染のため刈り取って袋に入れたササの葉を出して辺り一帯に敷き詰めた。そして昨日、今日のこの作業。

川に土や葉を流してしまった。放射性物質は目に見えないからといって、こんないい加減なことでいいのか――。

翌日は日曜日で休みだった。男性は抑えきれず、いわき市まで行って、ネットカフェに駆け込んだ。元請けのホームページの問い合わせフォームに「国道沿いから見ていたら、川に土や葉を流しているようだ」と書いて送信した。自分で自分の行為を告発したのである。男性は、いったいどうなるのかとドキドキしながら一日を過ごした。

翌日、朝礼で監督から、「除染作業では、住民に誤解されるような行動は取らないように」と注意があった。それだけだった。

誤解などではない。手を染めた自分自身がいちばんよくわかっている。結局、自分は、「除染をしています」という既成事実をつくるために利用されているだけなのではないか。復興の役に立ちたいという思いで来たのに、実際には汚染を広げてしまったのではないか。流した草や土は下流にたまり、汚染する。川が濁《にご》る様子を思い出すたび、男性の胸には苦い思いがこみ上げてくるのだった。

賃金もおかしかった。除染作業は被曝を伴うため、環境省は除染手当を原則一日1万円としていた。手当は基本給とは別なので、福島県の最低賃金で働いても、計算上は一日1万6000円の収入になる。ところが、受け取っていたのは一日1万2000円。

誰の目も届かないところで誇りも金も奪われ、訴えてもその声は届かない。札幌出身の男性は暗闇に沈んでいくような絶望的な感覚に襲われていた。

多重下請け構造の深き闇

筆者がこの40代の札幌出身の除染作業員と出会ったのは、2012年12月上旬、男性が班長の指示で自ら川に土や葉を流した3週間後だった。

除染手当の不払いが横行していたことから、ほかの作業員たちに話を聞き、給与明細やハローワークの求人情報なども見せてもらって11月に記事にしたばかりだった。ゼネコン、一次下請け、二次下請け、三次下請けと業者が連なり、業者が一つあいだに入るたび15〜20%が手数料として抜かれることになる。しかも、除染事業にはカラオケ業者、右翼を名乗る業者、産業廃棄物業者、急ごしらえの会社と、さまざまな業者が入り込んでいた。「暴力団が入っている」として摘発される事例も相次いだ。

取材に回る中で、知人に紹介を受け、この作業員と知り合ったのだ。男性には、レストランの個室で会った。手前に筆者、奥にこの男性と仲間たち計4人の作業員。4人は並んで座った。

札幌出身の男性は、4人の中では小柄だが目立っていた。ほかの3人がどこか所在なげな感じで座っているのに比べ、男性は腰が低く、気が弱そうに見えて、その割に妙に落ち着いてもいた。一人一人、出身地と年齢、どういう条件で働き始めたのか、実際の支払いはどうだったかを聞き取っていった。

4人から、除染作業で一日1万2000円しかもらっていないこと、除染手当の説明はなかったことなど、ひととおり話を聞いた。〝本当に知りたいこと〟はここからだった。

筆者はこの3ヵ月前、旧知の30代の除染作業員から、回収した汚染物質や洗浄に用いた水について「あんなの捨ててるんですよ。水なんて回収してないですから」と打ち明けられていた。

「ほら、排水溝ってそこらじゅうから放射性物質を含んだものが流れてくるから、やたら線量高いじゃないですか。そこに、水を勢いよく当てて落とすんです。……それで、本当はその水を回収しなくちゃいけないんですけど、川に流しちゃってるんですよね」

口調は、淡々としていた。

「写真もありますよ」

携帯で撮影した写真には、黒い長靴を履いた作業着姿の男が排水溝に向かってかがむ姿が写っている。作業員は黒いノズルを持ち、排水溝のはじに高圧の水を当てている。水は勢いよくはね、そのまま、川へ流れ出ていた。

「どこでもこんなことをやっているんでしょうか」

「わからないです。自分はこの現場しかいなかったので。作業をする側としては流しちゃったほうが楽ですけど。流したって放射性物質は消えないですけどね」

汚染が拡散しますよね、と30代の除染作業員はこともなげに言った。

こうした不法投棄が除染作業の現場全体で行われていることなのかどうかを確かめたかった。いま、レストランで向かい合っているこの4人の前で単刀直入に質問するという選択肢もあるが、同僚の前で簡単に話せることではないだろう、とも思った。

そこでこの日はあえて聞かず、全員の携帯電話番号をもらって、お礼を言って別れた。

札幌出身の40代の除染作業員にまず話を聞いてみよう、と思った。夜になって、電話をかける。詳しく話を聞きたいので会ってほしいとお願いすると、「あ、いいですよ」と、快諾してくれた。

作業員たちの証言

後日、飲食店で待ち合わせた。

「除染で回収しないといけないものを別の場所に捨てている事例があると聞いたんですが」と話を持ちかける。

彼はその問いを待っていたかのように顔を上げ、堰《せき》を切ったように、前述の11月に起きた事件のことを話し始めた。坂から土や葉を川に流す指示を受け、それをネットカフェから訴えても何も変わらなかった、と。

「福島の人たちに、本当に申し訳ないと思うんですよ」

男性は、真剣なまなざしで言った。

福島の人たちの除染に対する期待は強かった。早くふるさとに帰りたい。そのためにもなんとか放射性物質を取り除いてほしい、と願っていた。除染の実態を暴くと福島の人たちを傷つけるかもしれない。けれど、放置しておけば〝手抜き除染〟で汚染が広がる被害はさらに拡大する。

その一方で、除染作業の当事者たちもまた、心を痛めていることを知った。

「除染しているまちはみんな避難していて、誰もいないんです。だから何をしてもいい、という考えなんだと思うんですよ。文句を言う人がいませんから」

男性は、愚痴を言いたいわけでもなければ、誰かを貶《おとし》めたいというわけでもないようだった。「間違っていることをなんとかして改めてほしい」という思いをひしひしと感じた。

除染手当の問題なら、給与明細やハローワークの求人情報など、まだ確認できる物証がある。しかし、除染が正しく行われていないという証拠はどう集めたらいいのか。

一本の記事の影響は大きい。物証がない状況で記事にできるだろうか。だが、記者として当事者の告発を受けた。知ったからには、このまま黙っていたら隠蔽《いんぺい》に加担したも同然だ。

お礼を言って、この男性と別れた。

先日この男性と一緒に会ったほかの3人の作業員にも個別に連絡を取った。札幌出身の男性を信用していないということではなく、裏取りのためだ。すると、川に土や葉を流したという証言を次々得た。記憶に基づいているため、回数など証言内容に若干の相違点はあったが、日付、時間、場所、斜面からどう流したかを話してくれた。

作業員たちは口々に「流した。いやだったな」と言っていた。手抜き除染は、「人に誇れる仕事をしたい」という人々の気持ちも踏みにじっているのだと思った。

ほかにも知り合いの除染作業員たちに聞き歩いた。まずは現場に入っている福島の知人たちに。そして、バイアスがかからないように、接点のない人たちにも。

除染作業を請け負う業者のプレハブの事務所を見つけては、夕方に作業を終えて帰ってきたところを捕まえて声をかけた。「すみません」と声をかけると、大方は立ち止まってくれる。除染の現場で女性を見かけることが珍しい状況だったからかもしれない。だが、会社名を名乗って「話を聞かせてほしい」と言うと、「話すなって言われてるから」とすげなく断られた。

それでも粘り強く当たるうち、一人、また一人と証言してくれる人が現れた。

そんなある日、住宅除染を請け負った建設会社の男性と朝の喫茶店で待ち合わせた。彼にはこれまでにも何度か話を聞いていた。住宅は、屋根に付着した放射性物質を拭《ふ》き取ることになっている。

「拭き取るの、たいへんでしょう」

「いや、高圧洗浄で流しているよ」

あっさり答えが返ってきてかえって驚いた。

「屋根を拭き取ったって線量は下がらないし、まともにやっていたら家一軒に3日はかかる。工期が3倍あっても終わらない。放射性物質が瓦《かわら》にこびりついてしまって、拭いたくらいじゃ取れないんだ。だから、夕方になって住民もいなくなったときに、水でバーッと流しちゃうの。そうじゃないと線量下がらないから。作業終わらないっぺ」

当然でしょ、と言わんばかりの口調だった。

高圧洗浄で流せば線量は下がる。だが、放射性物質は消えるわけではなく、水に含まれる。地面や排水溝に落ちた放射性物質は回収しているのか。

「してないよ。地面が濡れても、次の朝には乾くでしょ。誰もわかんないよ」

除染ならぬ移染

いわき市で出会った大柄な男性の除染作業員（47）は、秋田県からの出稼ぎだった。秋田県の実家に両親と妻を残し、借金を返すため寮に住み込みで働いていた。

「もともと落ちている葉や茎は集めなくていいという指示だった。除染範囲（道路や家から20メートル）外に投げるように言われるんだ」

この男性は仲間の信頼が厚いボス的な人で、彼を慕っていつも2人の同僚が一緒についてきた。この3人も除染手当が支給されずに困っていた。

当時、青森県の三次下請けの会社で働いていたにもかかわらず、雇用契約書では二次下請けが直接秋田出身の男性たちを日当1万6000円で雇っている形になっていた。環境省に対し、除染手当がきちんと払われているように見せかける偽装だった。

男性たちは勇気を出して告発しようかと考えているところだった。

このようにして、約20人の作業員が汚染物質が捨てられる現場の状況を証言してくれた。水だけではなく、枝や土、葉。いずれも放射性物質が付着しており、回収しなければならない汚染物が流され、別の場所に捨てられていた。

「これじゃあ、除染じゃなくて移染ですよ」と言う人たちもいた。やっている当の本人たちが良心の呵責《かしゃく》に苦しむような作業を、なぜ被曝というリスクをおかしながら、そしてその被曝の除染手当を搾取されながらも続けなければならないのか。

除染という仕事は突然できた事業で、除染作業員の労働組合もない。声を上げる手段がない。へたに言うと解雇されるのではないかと作業員はみな恐れている。前出の札幌出身の40代男性のように、住むところもなく、住み込みで働いている人たちが多い。解雇されたら途端に路頭に迷うことになる。

物証がなくとも手抜き除染の実態を明らかにすることは、現状を変えるためには有効であるはずだ。その一方で、勇気をもって証言してくれた作業員たちが仕事を失う事態になることは避けたい。一通り証言を集めたところで、まずは一度、会社でデスクに相談してみようと思った。

「現場を押さえろ！」

新聞社のそれぞれの部や総局には、次長職の「デスク」がいる。現場記者たちの取材では、所属部署の次長職であるデスクが相談役になる。筆者が当時所属していた特別報道部では、鮫島浩デスクが筆頭デスクを務めていた。自分が撮影してきた写真を見せながら、証言内容について説明した。

「記事に書かないと、汚染物質がきちんと回収されるようにならないと思うんですが」

「証言している人たちは、みんな匿名で、実名を出せないんでしょ」

「はい。いままさに現場で仕事をしている人たちばかりなので……」

「証言だけじゃなくて、ちゃんと自分たちで現場を見たほうがいいんじゃないの。環境省が否定してきたときに、証言だけで証明できるの？」

鮫島デスクは、部内の記者たちを呼び集めた。同僚たちも常にそれぞれ取材を抱えている。忙しい記者たちを集めるのは情報を信頼したということでもある。ありがたいが、実物を自分たちで撮らないと誰も信用しない、との厳しい指摘でもあった。

現場を押さえたいのはやまやまだが、どう実行するかは大きな課題だ。現場周辺に住民はいない。作業員の中には、「ムショから出たばかりなんだ」と自慢げに語り、筆者を車で連れ去ろうとした人がいる。また、誰にも聞かれないようにとカラオケボックスで話を聞いたところ襲われそうになったこともあった。拉致《らち》事件、暴力事件もよく耳にする話だった。

彼らは不安定な雇用の中で生きている。脅されて証言を覆《くつがえ》すこともあるだろう。事実の解明には、現場を押さえることが不可欠だ。「現場でこういう声が上がっている」というあやふやな話では国も動いてくれない。除染現場のパトロールを増やすにも、工期を現実的に見直すにも、予算がかかる話だからだ。

これまで話を聞いてきた作業員たちの言葉を思い起こした。なにより、一刻も早く帰りたいと望んでいる福島の人たちのことを思った。

「動画と写真とどちらの撮影を優先したほうがいいですか」

後輩の鬼原民幸記者が言った。躊躇《ちゅうちょ》しているのは自分一人だった。その言葉が後押しになった。

「先に行って、実際に見られるのかを確かめてきます」

翌日、再び福島に戻った。

マイナス2度以下の現場

情報が寄せられた現場を何ヵ所か回った。住民が避難していて現場には作業員しかいない。どこにいても目立ってしまい、撮影が難しいことはすぐにわかった。

山間部の田村市に行った。山々の間に家や畑が点在する地域で除染が行われていた。ヘルメットとマスクをつけた作業着姿の男性たちが、数人ずつの班に分かれて草刈りをしている。作業車が道路の側溝を高圧洗浄していた。側溝には山から流れてきた放射性物質がたまり、放射線量が高い。高圧の水で側溝に付着していた放射性物質を洗い流している。

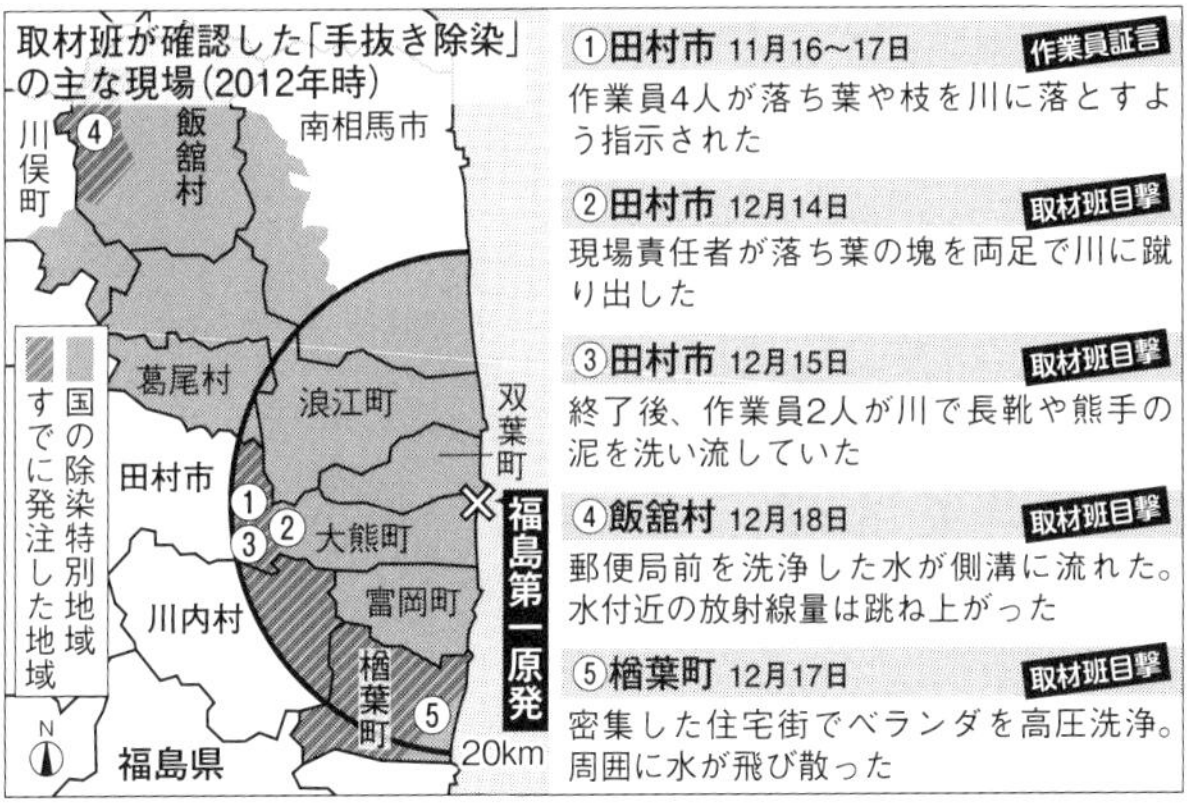

レンタカーで水の流れを追った。本当はせき止めて回収することになっているが、100メートル、200メートル進んでも、水は側溝をどこまでも流れていくばかりだった。

作業員たちがこぶし大の石を川に捨てている場面も見た。石が川の中に落ち、水しぶきが起きる。

現場は携帯電話がつながりづらく、デスクにメールした。

「撮影できるかもしれないので、お願いします」

すぐに鬼原記者やキャップ役の多田敏男記者、小田健司記者が来てくれた。

張り込みは予想通り難航した。12月で、うっすらと雪が積もっている。

除染作業は午前7時45分ごろから午後5時ぐらいまでだった。作業が始まる前から身を潜めないと撮影は難しい。朝晩の最低気温はマイナスになる。

「現場で動けないままかな」

「お昼や休憩時間があるので、少しは動ける時間があるとは思います」

それぞれ足先や腹にカイロを貼って、現場に張り込んだ。

草木は枯れ、辺りに隠れる場所はない。小田記者が張り込んだ現場は、草の高さが1メートルにも達しておらず、小田記者は一日中かがんだまま動けなかった。携帯電話もつながらない。迎えに行けばたちまち誰かと問い詰められるだろう。結局作業が終わり、暗くなってから迎えに行った。

小田記者は黙っていたが、その足は凍瘡《とうそう》になっていた。

除染現場は広大だ。田村市の現場だけで山や集落をいくつもまたぐ。空振り覚悟だった。

鬼原記者は、毎日午前6時から張り込んだ。山中に身を隠せるところを見つけ、望遠レンズを向けた。しかし、張り込んだ場所には1日目も2日目も作業員は誰も来なかった。

3日目の朝、午前8時15分、鬼原記者のレンズの先に5人の作業員が現れた。

河川敷の草を集め、土を剝《は》ぎ取り、黒い袋に詰めていく。一人の作業員が川辺に近づき、足元にあった落ち葉の塊《かたまり》を川に蹴り出し始めたところを連続写真で撮影した。ヘルメットに現場責任者を示すピンクの線が入っていた。ほかの作業員を監督する立場にある人だった。リーダー自らが落ち葉を流していたのである。

筆者も崖に登って撮影した。足元は雪ですべり、何度も滑り落ちそうになった。

9ヵ所で、作業員たちが石や枝、葉を川に落としている姿や、道具を川で洗っている姿を連続写真や動画で押さえることができた。作業員の事前の証言を裏付けるものだった。

驚愕の不正の実態

応援に来てくれた先輩、後輩はそれぞれ自分の取材があるため、3日目から4日目にかけて東京に戻っていった。

筆者は双葉郡楢葉町に向かった。海沿いの地域で住宅除染が行われていた。だが、楢葉町の住宅は一軒一軒が広く、道路から除染の様子がよく見える家がなかなかない。

1時間ほど回り、2人の作業員がベランダや屋根を高圧洗浄しているのを見かけた。放射性物質を高圧洗浄でそのまま流し、水を回収する様子はない。

離れた場所から望遠レンズで動画を撮影した。

筆者は、この頃から咳《せ》き込み始めていた。寒冷地での張り込みの影響だった。動画に余計な音が入らないように気をつけた。まだ帰るわけにはいかない。確かめたいことがあった。そもそも実現可能な工期ではなく、除染を終えたという行為をつくるために作業が行われていないか。そうすると各地で同じことが行われているはずだ。全体像を見ないとならない。

その後、山間部の飯館村に入った。

幹線道路沿いの郵便局前の駐車場で除染が行われているのが見えた。オレンジ色の作業服を着た人たちが、ノズルから勢いよく出てくる高圧の水で敷地内の路面や自動販売機を洗っている。洗った後の水は、錆《さび》を含んで茶色くなって、手前の道路の方向に流れ出てきていた。奥では回収しているような様子も見られるが、手前に流れる水はそのままだ。

流れた水はどこに行くのか。近くに車を止めた。一眼レフに望遠レンズをつけ、洗っているところを動画で撮影した。手前の道路の方向に流れ出ているのはわかる。それがどこまで流れていっているかは望遠レンズでは追い切れない。

車を降りて歩いた。

午後3時半、右手にスマートフォンを持ち、録画しながら水の流れを追う。茶色に濁った水が排水溝に入っていく。その水は排水溝からいくつもの筋になって側溝にちょろちょろと流れ込んでいる。歩いていくと、水は側溝から川に向かっていた。その先に、もともとは豊かな農産物を育てていた耕地があった。

1時間にわたって現場にいた。除染作業はずっと続いていた。水はジャーッと勢いよく飛び散り、歩道を通ると、舗装に跳ねた水しぶきが飛んできて全身にかかった。除染で放射性物質を含ませたあとの水だ。慌てて対向車線側の歩道に移った。作業員は人にかけたことに気づいていないのか、気にかけてもいないのか、手を止めることもなく、歩道に除染後の水しぶきを飛ばし続けていた。

いったいどれくらいの線量なのか、路面に線量計を近づけて確かめてみた。1・4〜1・8マイクロシーベルト毎時の間で揺れ動く。濁った水に近づけた途端、線量計の数値は最大2・9マイクロシーベルトにまで跳ね上がった。

思い切って作業員の一人に近づき、話しかけた。

「水、流れていますよね」

「流れて……？」

この人はいったい何を言っているのだろう？　というリアクションだった。

筆者は、排水溝を指さした。

「ほら、ここ」

作業員は排水溝を見たのち、

「責任者じゃないんで、わかんないです」

と言って筆者から離れていった。

やりとりの一部始終をスマートフォンで撮影した。この作業員の胸のうちはわからないが、「責任者じゃないとわからない」というのは、事実その通りなのだろう。属人的な問題にしてはならないと思った。

別の日、前出の札幌出身の40代の作業員に、草や土を捨てた沢に連れて行ってもらった。当時の痕跡でもあればと思ったのだ。

幹線道路の国道の横、坂の下を流れる沢だった。川底が見えるほど透明だ。幅は2〜3メートルで、このまま飲めるのではないか、と思うぐらいだ。

「ここで深さ3センチぐらいの土を熊手で削ったんです。班長が『早く流さんか！』と言って。土を川に流すと、川が黄土色になっていました。ほら、そこにたまってます」

指をさした先に、川の中から突き出た石があった。辺りに枝や葉がたまり、積もって山になっていた。

水面に線量計を近づけると、0・4〜0・5マイクロシーベルト毎時なのに対し、斜面の枝葉に近づけると、0・6〜0・7マイクロシーベルト毎時に上がった。枝葉により多くの放射性物質が付着している。これが岩にたまったままになっている。

八方塞がりの現地事務所

この間の環境省の対応について、福島環境再生事務所（現・福島地方環境事務所）や本省に通った。

原因の一つが環境省の人手不足、ノウハウ不足であることが浮かび上がってきた。

ゼネコンを頂点にした多重下請け構造で、違法派遣も常態化している。北海道で環境省の仕事を取材したことがあるが、彼らがパトロールしていたのは美しい山々であり、絶滅危惧種の盗掘だ。有象無象《うぞうむぞう》の業者が入り込んでいる現場のパトロールなど経験もない。

そもそも、普段からゼネコンを相手にしている国土交通省がやるべき仕事なのではないかと思ったが、それを口にしたところ、職員たちはみな「そうですよねえ」と苦笑いを浮かべた。廃棄物処理法を所管しているために環境省が請《う》けることになったという。

11市町村にまたがる広大な現場で、誰もやったことがない大規模除染を進める。しかも、政府は1年8ヵ月を目途に終わらせると打ち出していた。

環境省の担当者は語った。

「きわめて短時間で広大な地を『お掃除』する作業。ゼネコンの責任者は『広がる田や畑を見て、これをぜんぶ除染するのかと気が遠くなると思った』と話していた」

もう一つ、大きな疑問があった。

除染は地元企業を重視するはずだった。なぜゼネコンが請け負っているのか。そのため土木現場の多重下請け構造が持ち込まれ、労働者である作業員が賃金や安全面でしわ寄せを受けている。

福島環境再生事務所では、契約課課長補佐の宮嶋幸司さんに出会った。30代後半と筆者と同世代で、背が高く、引き締まった体つきをしていた。どんなに忙しくても取材に応じてくれた。

地元企業が請ければ、こんなことはなかったのではないかと聞くと、

「工事の規模が大きすぎるので、Aランク企業（大規模工事を受注可能と認定した企業）しか入札参加資格がないんですよ。内部でも、『これでは地元企業は請け負えない』という議論はあったんです。けれど、とにかく早く除染を始めなければならないという動きの中でこうなったんです」

との答えだった。予定価格によって入札の参加資格が分かれている。除染を発注する地域を小分けにすれば地元企業も請けられたはずだ。だが、それでは時間がかかるという結論だったのだ。

除染手当が出ていないことについても聞いた。

「職員は普段、監督職員として現場にいます。一つの業務が終われば検査職員を任命して、検査をしてもらうんですけれども、職員の人数が少ないので、一つの発注について検査職員は一人なんです。報告書が出てから14日以内に検査をするという規定になっています。時間も人も限られており、実際は様式をチェックするだけになってしまっているのではないかと思います」

「どうしたら、きちんと作業員本人に除染手当が行くようになりますか」

「除染手当は、国が本人に直接渡す方式じゃないと無理かもしれないです。ぜひ本省の局長や議員に言ってみてくれませんか。除染作業員手帳のようなものを発行して、それをハローワークに持って行けば手当分をもらえる仕組みにするとか。不正をチェックする人員も足りない。チェックを増やすというよりは、不正をしにくい仕組みにしてほしい」

切実な訴えだった。

届かぬ訴え

実際に宮嶋さんの訴えを環境省幹部の何人かに振ってみたが、「ハローワークは厚労省でしょ。それは難しいんじゃないですか」と一蹴されてしまった。その反応に、宮嶋さんも大変なんだろうな、と思った。彼も内部で意見を上げても全然ダメだったから、記者である筆者に「言ってみてくれませんか」と言ってきたのかもしれない。

宮嶋さんは、実際に検査に当たった現場の人も紹介してくれた。

男性の職員がテーブルにやって来た。疲れ切って、座るなり大きくため息をついた。

「住民説明会のたびに『除染を早くやってくれ』『いつ帰れるのか』と住民に責められ、チェックよりも早く除染しなければならないという思いが強い。ノンストップで行こうというのが合い言葉。一刻も早くみなさんが地元に帰れるように。この事務所の職員も公募で、経験や能力もバラバラ。普通の職員ならすぐできることが、主婦やフリーターで書類を書く経験がなく、できないこともある。被災者であることも多く、強く怒れない。自分も林野庁の職員だったが、除染に志願してきている〝志願兵〟なんです」

「実際には、チェックはどうなっているのですか」

「これですよ」

示されたファイルは厚さ20センチほどもあった。

「これが報告書。これを2冊、一日で見るんです。現場の線量が下がったかどうかを見るのが中心で、除染手当が払われたかを記録する賃金台帳はどうしてもパパッと見て、数字が埋まっていればいいとする程度。一つひとつは見ていられないです」

「現場では、作業員と話すことはありますか？」

話せばすぐに除染手当が渡っていないとわかるはずだ。

「監督職員として、ゼネコンの人としか話さないですよ。『ちゃんと手当払ってね』と言っているんだけれど。手当ってすばらしいとは思うよ。手当がなかったら除染進まないよ。地元の人も働かないでいるっていうのはよくないしさ」

「手当が出ているんだったらそういうお考えでいいと思うんですが、もらってないという話を多く聞きました。地元の人も『一日1万6000円ももらえるんだったら働くけど、1万円程度だったら働けない』と言ってましたよ」

「チェックし切れない。現場は不完全なままスタートしている。悪いところがあったら走りながらやっていこうと。『いいところを見ていこう』『みんなのためにがんばろうね』と、職員やゼネコンに発破《はっぱ》をかけている」

男性職員は、「もういいですか」と言って戻って行った。その背中は丸まっていて、疲労が両肩にどっしり乗っているようだった。

宮嶋さんが戻ってきた。

「どうでした?」

「実態はよくわかりました。人員が足りないからチェックできないとはっきりわかれば、政府も人員を増やすことにつながるかもしれません」

「そうですね」

彼も、疲弊した様子でつぶやいた。もしかしたら、それも何度も上に言っていることなのかもしれない。

政府は住民のために早く除染を進めたい。ゼネコンはうまくいっているように見せる。背景に、それぞれの立場の「保身」が働いているように見えた。

宮嶋さんには、本省の官僚とは違う空気を感じた。報道機関はシャットアウトするという官僚が多い中で、筆者のような記者を相手に、少しでも現場の声を聞いてもらおうという姿勢があった。誠実さと「こういう現場を何とかしてほしい」という訴えだ。

何日か午後8時、9時まで福島環境再生事務所で取材したが、私語が聞こえてくることもなく、懸命に仕事をしている雰囲気があった。事務所のあるビルの近くのホテルに一度泊まったが、フロアには午前0時近くになっても明かりがついていた。

元請けゼネコンを追及する

2012年12月25日、除染を請け負っているゼネコンに一斉に質問状を送った。

同時に、霞が関の環境省に行った。26階建ての合同庁舎で、環境省は上層階にある。除染取材で4ヵ月ほど足を運んできたが、最終的にコメントを求めるため、取材を申し込んだ。私たちがつくった手抜き除染情報一覧と写真を持っていった。

「誰が対応できるか検討します」という返答の後、課長が対応した。

除染で川に葉や土が捨てられたり、除染で汚染された水を回収していないと、写真を見せながら説明した。

「どの程度なのか。こちらでもしっかり事実関係を調べるよう、福島の事務所に言います」

「お調べになりますか？」

「調べます」

課長は淡々と言った。

本省と同時に、福島環境再生事務所には、一緒に張り込みをしてくれた多田キャップと鬼原記者の2人が向かった。職員からは「草がきちんと刈り取られていない」「洗浄に使った水が漏れている」といった住民らの苦情が相次いでいたこと、その一方で、環境省が見て回るには人数的に限界があるという話を聞いた。

「除染が想像以上に回りきらなくなって（投棄を）やったという感じがします」と言う。

除染を止めてはならない。しかし、チェックするのに人手がない——。宮嶋さん、チェックの担当者、それ以外の現場の人がそれぞれ同じように答えた。いずれも筆者がそれまで何度も耳にしてきた言葉だった。

除染を請け負った鹿島建設や大成建設などゼネコンにも直接当たった。現地で筆者と一緒に張り込んだ小田記者と2人で一社を訪れた。飯舘村を除染した元請けだった。12月27日、年内の仕事が終わろうという時期で、せわしなく人が出入りしていた。

応接室に通された。広報の担当者が2人、筆者たちの向かい側に座った。

「除染担当者は、『絶対ない』って言い切っていましたよ」

「『我々のところはせき止めているので、それが漏れることはない』と」

次々否定する。私たちはパソコンを開き、飯舘村の現場の動画を見せた。

郵便局前の側溝に茶色の水が流れていく様子、筆者が線量計を近づけるとみるみる数値が上がっていく状況が動画としてはっきり映し出される。郵便局と側溝、川などの位置関係も説明した。

ゼネコンの広報担当者は、たちまち緊迫した表情になった。

「これは映像の一部で、一瞬のことでなく、1時間以上その場にいて確認しています。作業員に『流れてます』と言ったんですけれども、『責任者ではないのでわからない』と言われたんです。映像を見て、いかがでしょうか？」

「確認します」

ほか2社も、それぞれ「調べる」という回答だった。

年末だったこともあるのか、環境省の対応は遅かった。仕事納めの12月28日になって、福島環境再生事務所所長が本省と協議。そのときすでに、福島事務所にはゼネコン2社から「指摘された通りの可能性がある」との報告が入っていたが、環境省本省の局長は28日夕の取材に対し、「現場（の事務所）から話をまだ聞いていないのでわからない」と答えるだけだった。

本省の職員が、筆者に耳打ちした。

「先に書いたほうがいいですよ。うちは書かないと、動かないんです」

最後に、宮嶋さんに告げた。

「いま取材している件について、そろそろ記事にしようと思っています。けれども、一方的に役所体質だからとかそういう記事にするつもりはありません。初めての事業で人が足りないという実態を書きます。それで、現場に人が増えると思います」

宮嶋さんに話したのは、のちに人が増えて、除染を見直そうとなったときに、彼がリーダー格として動くんじゃないかと期待してのことだった。

「わかりました」

一言、落ち着いた答えが返ってきた。官僚には、「どういう記事ですか、事前に見せてください」と言ってくる人もいるが、いっさいなかった。

託された思いを伝えるために書く

会社に寝泊まりしながら記事を書いた。詳しい状況がわかった以上は、早く記事にしなければ。巨額の税金でゼネコンを潤《うるお》し、除染を薄く広く一律に早く終わらせた、というアリバイづくりの除染では住民は納得しないだろう。大事なのは住民の思いだ。徹底的な全体の除染が不可能ならば、住民の意見を聞いて「除染が効果的な平地などに集中する。ほかは生活支援する」「再汚染の可能性が高い山間部は集団移転」など、血税が流れきる前に、自ら選択できるようにすればいいのではないだろうか。

年が替わった1月4日から紙面で報じ始めた。写真を紙面に出し、ベランダに高圧洗浄水を当てているところや、放射性物質を含んだ水が流れていく場面を収めた動画もホームページで公開した。

井上信治・環境副大臣はこの日、出張先の栃木県矢板《やいた》市で、「事実なら重大な問題なので、しっかり対応していかないといけない」と記者団に答えた。環境省はすぐに元請けのゼネコン各社に対し、現場責任者に事実関係を確認するよう求めた。

それぞれの動きを追いながらも、宮嶋さんのことが気になっていた。すごく忙しい状況に置かれているだろう、連絡を取ってみようか。そう思っていたところだった。

「この人、知り合いの人？」

原稿をみてくれていた先輩の佐藤純記者が、この日の朝刊を持ってきて、ある記事を指さした。

知り合いがいきなり新聞に載るはずがないでしょう、と思って見たとたん声を失った。

環境省職員戻らず　富士山

3日午前11時40分ごろ、福島市万世町の環境省福島環境再生事務所課長補佐宮嶋幸司さん（39）の親族から「富士山に出掛けたまま戻らない」と静岡県警に連絡があった。県警は遭難の可能性があるとみて、4日早朝から捜索する。

連絡をしようとしていたからそう見えただけで違う名前なのではないか、と何度も見返した。携帯の登録を見た。名刺も確かめた。また記事を見た。やはり、彼の名前だった。

各報道機関が同じニュースを流していた。

「人が足りないんですよ。手当の仕組みを変えるように局長や議員に言ってください」

彼は真剣に訴えていた。

記事を書くと告げると、「わかりました」と落ち着いて応じていた。

宮嶋さんの声がよみがえる。最後にその声を聞いたのはつい1週間ほど前のことだ。早く見つかってほしいと願った。ただ、1月の富士山は極寒になる。そこに4日間。装備はどうだったんだろうか。激務が続いていたはずだ。体力は……。

さまざまな思いが去来したが、この日の環境省などの動きをまとめて出稿しなければならない。会社の部の部屋では、紙面づくりでばたばた人が出入りしていたが、パソコンで記事を書きながら、頭に浮かぶのは宮嶋さんのことばかりだった。


5日になって、富士山で男性の遺体が見つかった。

御殿場口登山道と須走口《すばしりぐち》登山道の間の標高2000メートル付近で雪に埋まっていた。リュック内の所持品などから宮嶋さんの可能性が高いとみられるとか、紫色のジャンパーを身に着けており、本人の着衣と似ているなどと報じられた。

さらに、遺体が引き上げられて身元が確認され、凍死とみられると続報がテレビや新聞で入り始める。

ニュースの時間になると、各テレビ局が手抜き除染報道を流す。別のニュースで「冬山遭難が相次いでいる」として、宮嶋さんの死を伝えるニュースが真っ白な富士山の映像とともに流れる。富士山は雪をかぶっている。

筆者は、記事を書き続けていた。環境省の現場のためにも、きちんと報道したかった。苦渋を知っている人に、その先陣を切ってほしいと勝手に期待していた。

でもなぜこのタイミングに——。そう思いながらも、動き続ける事態を追わなければならない。あとでわかることもあるだろう。冷静になるように自分に言い聞かせた。

トカゲの尻尾切りにはさせない

菅義偉官房長官は1月7日午前の記者会見で、「手抜き除染」の報道が続いたことに対し、「きわめて遺憾だ。しっかりと調査して厳しく対応する」と述べた。福島県の地元自治体の首長や住民からも「手抜き除染」が横行する実態に批判が相次いだ。

井上環境副大臣らは1月9日、記事で指摘した田村市や楢葉町の現場を視察。2階のベランダを除染した際に洗浄水を回収しなかった楢葉町の民家を訪れ、所有者の男性に謝罪した。

除染を待ち望んでいた地元の首長たちも怒っていた。

楢葉町の松本幸英《ゆきえい》町長は、避難先のいわき市の仮役場で井上副大臣と会談し、再発防止策として「町に環境省の出先機関を置き、監視態勢を強化すること」を求めた。松本町長はかねてから年1ミリシーベルト以下までの除染を求めていた。会談後、町長は取材陣にこうコメントしている。

「除染は、帰町する最大のポイント。非常に憤《いきどお》りを感じた」

記事にしたことで、声を上げた人たちの中で「犯人探し」が行われていないかが心配だった。周囲にわからないようにメールで連絡し、その後に電話をかけるという方法で接触した。

真っ先に、札幌出身の40代の男性に連絡した。

「まったくないです。疑われていませんよ」という答えが返ってきて、安心した。その口調には、記事になってすっきりした、という安堵《あんど》感があった。

秋田県から仲間と出稼ぎに来ていた大柄の男性にも電話した。現場では記事が出た1週間後、何十人も集まった場で調査が行われたという。

「もともと、『地面に積もっていたものは除染範囲外に投げていい、自分の刈ったものだけ袋に入れればいいんだ』という指示だった。30人ぐらいがゼネコンに呼ばれて、『監督の指示が投げろと聞こえた人はいますか？』と質問されたんだけど、誰も手を挙げなかった。そう指示されたのに、『聞こえた』っていうのは何なんだろうとね。その次に『投げた人はいますか？』という質問があった。それは何人か手を挙げていた。オレの同僚も結構投げていて、手を挙げていた。手を挙げた人だけが悪者にされるってことなのか」

　落ち葉や草に放射性物質がついているので取り除く、というのが除染だ。もともと堆積しているものは投棄していい、というルールには当然なっていない。現場の指示に基づいて投棄していたのに、「投げた人は手を挙げて」と言う。

「現場のせいにするということなのか」と、秋田出身の男性は怒っていた。

　一方で、報道に接した除染作業員や住民から次々と告発の電話やメールがきた。

「投棄させられた」

「いつもやっている」

「自宅の除染をきちんとやってくれていないのを確認した」

　中には、路上の落ち葉に風を吹きつけて飛ばしている動画を見せてくれた作業員もいた。

動かぬ証拠

第一報から10日あまりが過ぎた1月15日、環境省はゼネコンから提出された報告書を公表。郵便局前で放射性物質を含む水が流されていた事例など3件を認め、ほかを否定した。否定されたのは、まだインターネットで動画を流していなかった部分だ。

一つ目、ベランダや屋根を高圧洗浄する作業員を動画で撮影した楢葉町の件は、「ベランダでは洗浄したが屋根での高圧洗浄はなかった」。二つ目、飯舘村で筆者が作業員に話しかけた場面。「(洗浄後の汚染された)水が流れていますよね」と声をかけた作業員との会話は、「『何時に終わりますか』と聞かれた」。三つ目、田村市で落ち葉を川に蹴り落としていた写真は、蹴落としていたのではなく、「熊手を回収していたところ」としてきた。

作業員たちに確認したところ、証言した人のうち7人はゼネコンからまったく聴取されていなかった。調査というのはそういうものか、と思った。

「よし、また映像を出そう」

鮫島デスクが言った。環境省とゼネコンから明確に否定されてしまったので、こちらとしても証拠を示す必要がある。だが、動きながら撮影したもので、途中で上下反転したり、映像がぶれたりしている。筆者の足と地面しか映っていないものもある。だが、デスクは「これでいい」と言い切った。

映像の用意ができた。白いズボンの下に黒いブーツを履《は》いた筆者の足が映っている。逆さまだ。左手にスマホを持ち、地面側に向けていたときのものだった。

「水、流れてますよね」

「責任者じゃないんで、わかんないです」

やりとりはクリアに聞こえる。1分40秒の映像でインターネットで流した。鬼原記者が撮影した写真は、連続写真をそのままネットに載せた。

ぶれ続けている動画でも、音声をはっきり録《と》れていたので効果があった。環境省は、1月18日に新たに報告書を公表した。動画のある「民家ベランダの高圧洗浄の排水処理」「郵便局駐車場で側溝に洗浄水流出」の2件を含む5件の手抜きを認定、うち3件について改善措置などの処分を決めた。ゼネコンが「熊手の回収」としたものも、手抜きの認定こそしなかったが、「朝日新聞デジタルによると、熊手を回収するところは写っていなかった」と、事実上ゼネコンの主張を退けた。

札幌出身の男性が土や葉を川に流した田村市の現場はどうなったか。環境省にも「投棄した」という作業員からの情報があったが、班長やほかの作業員が否定しており、環境省は「断定するに至らなかった」とした。

班長は当然否定するだろう。川に流れてしまったので証拠もない、ということだった。

鮫島デスクの見立ては当たった。結局、自分たちで撮影した動画、写真で証拠を固めていたものだけが〝手抜き除染〟だと認められた。

当初、筆者は「除染現場からこんな疑問の声が上がっている」という証言をまとめただけの記事を考えた。しかし、それでは「匿名では事実と認められない」として、何一つ明らかにされなかっただろう。今回の件では現場を押さえるのは厳しいと思ったが、やはり必要なことだったと痛感した。

「山」が動いた

一連の報道の結果、改善策が取られた。

環境省のガイドラインでは、除染作業で出た水の回収方法などが具体的に示されておらず、「いったいどうやって回収しろというんだ」という声が上がっていた。井上環境副大臣は1月21日のBSフジの番組で、除染作業のルールについてこのように述べた。

「いまのガイドラインは1年以上経っている。科学的、技術的に検証して早急に変えていかなければならない」

この後、環境省はガイドラインの改訂版を公表。除染の効果的な方法や、これまでの作業で有効だった手段を盛り込み、超高圧水による除染や排水処理の手順などを具体的に示し、現場で使いやすいように改善した。

抜き打ち的な検査の強化や不適正除染110番の新設の対応策もとられた。

環境省の監視体制は、以前の4倍の200人に強化された。これで少しは現場の職員の負担が減るといい、と思った。


亡くなった宮嶋さんと同じ職場だった官僚と2人きりになったところで、聞いた。

「優秀な方でしたよね」

「うん……うん……」

声を詰まらせる。

「富士山のあの場所は、慣れていなかったんでしょうか」

「いや、そんなことはなかった」

その後の報道でも、宮嶋さんには十数年の登山歴があり、発見時は十分な冬山装備をしていたとされていた。

「じゃあ、どうして……」

官僚は、うつむいた。お互い、それ以上は何も言えなかった。

宮嶋さんに目立った外傷はなかったという。当時、荒天で北アルプスや富士山で8人もの人が同時に行方不明になった。同僚たちは強風のため滑落したとみていた。

逃げずにきちんと対応してくれた。官僚としての仕事をまっとうした方《かた》だ。環境省を下支えする事務系職員で、職員たちには「男だ」と人気があり、夜遅くまで働いていた。人が足りないと嘆いていた。ようやく人が増えることになった。

だが、除染のあり方を問い直すまでには至っていない。住民のための除染が行われるためにはどうしたらいいか、できることなら意見を聞きたかった。

立ち上がる除染作業員

除染の実態が明らかになる中で、除染作業員たちは自ら立ち上がるようになった。

大柄で、親分肌で、除染手当の不払いに悩んでいた秋田出身の男性もその一人だ。除染の手抜きを証言した後も、現場でどんな調査が行われているかを教えてくれた。

男性は、2013年3月まで作業を続けたが、ついに4月になって除染手当の不払いをめぐり、仲間たちと業者を労働基準監督署に訴えた。本来の勤め先の青森の会社ではなく、地元の会社に雇われたと偽って書かれた日当1万6000円の雇用契約書があったことが強い証拠になった。

秋田出身の男性は、筆者と初めて会ったころから、声を上げたほうがいいのかどうか悩んでいた。それから5ヵ月。晴れ晴れした表情をしていた。

ところが、訴えてから10日後、知人から突然電話がかかってきた。

「亡くなったんだって」

「え？　あんなに元気だったのに？　どうして？」

「携帯にかけたら、奥さんが出て『亡くなった』って。大動脈瘤破裂だって」

秋田出身の男性は、48歳になって2ヵ月が経っていた。

彼の仲間2人には、のちに未払い賃金の7割の解決金が支払われた。しかし、この男性の家族に解決金が払われることはなかった。彼自身が遺した借金のために家族は相続放棄していた。受け取る権利をなくしていたのだ。

解決金といっても大金が支払われたわけではない。仲間のうち一人は、いまは新聞販売店で働いている。もう一人は、体を壊して生活保護を受給しているという。


除染手当不払いの問題や労働条件問題が注目されるようにもなった。

2013年7月には、田村市で除染事業を受託した警備会社が作業員25人に計1600万円を支払った。厚労省は当時20業者が除染手当を支払っていないことを把握しており、1000人以上が未払いのままだとみられていた。

ほかにも、天候のために仕事ができず待機していた日の賃金不払いや、労働者の被曝量測定の不備や保護具不支給などの違反が多く、福島労働局によると、2013年に1047の除染事業者に監督指導に入り、68％の709業者に除染作業員の労働基準関係法令違反があった。計1784件。一業者あたり2件以上の違反があったことになる。

除染手当や時間外賃金の未払いなどの労働条件関連が68％、「線量計を車内に置きっぱなしにしていて被曝量を測っていない」「防塵《ぼうじん》マスクではなく、風邪の際に使う一般的なマスクを使っていた」「除染の特別講習を受けていない人に半年間除染させていた」など、労働者の安全管理不足についての安全衛生関連が32％だった。

違反率はその後も高く、2014年には67％、15年には65％だった。底辺の労働環境が続いたことを物語っている。

終わらぬ不正

2018年になったいまも、除染作業に就いていた人たちからは、時折電話をもらう。除染作業は現在でも帰還困難区域の一部で行われている。除染の現場を離れた人たちは、その後、土木や建築関係の仕事についている人が多い。

札幌出身の男性は、2016年6月まで除染を続け、除染作業の困難さや仲間の死に直面した。その間、常に感じたのは、作業員が大事にされていない、ということだった。

２０１３年３月には楢葉町の現場に入った。草刈り作業でゴーグルをつけないまま刈払機で草を刈るのが常態化していた。現場では、「監視が来たらゴーグルをするように。パトロールがいなくなってから外すように」と指示があった。なんだそれは、とこの男性はあきれた。作業員の目がどうなってもいいというのか。

放射性物質の吸引を防ぐマスクが支給されず、男性が環境省に伝えると「環境省に告げ口するようなやつは働かせられない」と解雇された。

その後は別の業者の作業員になったが、剝ぎ取った土を宅地のへこみを埋めるのに使うなど、おかしいと思う作業も相変わらずあった。

２０１６年に入った浪江町の現場は、線量が高い帰還困難区域との境で、山側だった。「（浪江町、飯舘村の西に位置する）川俣町の10倍の線量があるな」と身構えた。草刈りをしたが、終わった後も線量がほぼ変わらなかったところもあった。

浪江町の除染作業が終わったのちに除染現場を離れ、２０１７年からは石川県の工場で働いた。ここもまた雇い止めになり、同年９月には県内の別の市の工場に移った。

借金は、いまだ返せていない。

２０１４年３月末を目途に終わるはずだった帰還困難区域を除く除染作業は大幅に遅れ、17年3月末までかかった。除染が終わりインフラが整ったとして、3月31日午前0時をもって浪江町の避難指示が解除された。

ところが、除染の不正はその後も相次いで発覚している。浪江町では、業者が除染した場所を偽り、環境省が厳重注意した事例が明らかになった。

２０１８年１月23日には、ＦＮＮが除染の下請け企業について「除染と関連事業を請け負うことで、２０１６年の１年間で１０５億円を売り上げたが、このうち、利益が56億円にのぼったうえ、代表ら役員が43億円もの役員報酬を得ていた」と報じ、除染事業のカネの不透明さに疑問を投げかけた。

線量が各自治体や議会が求めた年１ミリシーベルトまで下がっていない場所が多い。除染を行った場所も限られている。線量の高い山は除染しておらず、放射性物質が山から流れてきて再び線量が上がる住宅地もある。家の中も除染対象外だ。それに加え、除染がきちんと行われていない事例がまだ出てきている。いまなお、これが現実なのだ。

札幌出身の男性は、浪江町に人が帰っていないのも当然だと思っている。

彼が初めに除染した田村市では、除染した地域を含む小学校2校に子どもたちが戻ってこず、2017年春で統廃合されたことはすでに見たとおりだ。

何のために、仕事をしたんだろう——。この男性は、振り返ってそう思うこともある。ただ、「除染作業員だった」ということは、堂々と言い続けている。これからも言い続ける。大変だったが、自分の誇りであったと思っている。

＊

行き場のない除染作業員の遺骨が安置されている南相馬市の真宗大谷派原町別院。ここには、ほかに約30人の遺骨も安置されている。

地震発生時に高齢者の介護施設にいて、避難中に亡くなった人たちだ。津波で家族がみな亡くなったというケースや、入れる墓がないなど理由はさまざまだ。

南相馬市の人口はもともと微減傾向で、震災直後に急激に減った。さらに除染が終わっていく中で、2014年から3年連続で転出人口が増え、17年には3247人が転出した。震災の年に次ぐ多さだ。

市内に住む人口は、東日本大震災当日は7万1561人だったところ、18年1月末では5万7370人になった。あちこちのアパートで「入居者募集中」ののぼりがかかったままになっている。

行き場のないまま亡くなった除染作業員と、高齢者。
その遺骨が「陸の孤島」と呼ばれる地でともに静かに眠っている。

第３章　帰還政策は国防のため

2017年2月7日、避難指示解除に向けた政府と浪江町による「住民懇談会」

答えありきの住民懇談会

２０１７年２月７日、東京・千代田区の星陵会館２階のホールには40〜80代の男女１１５人が座っていた。席は大半が埋まっていたが、後ろの空いていた席に座らせてもらった。

ステージには、中央にスーツ姿のメガネをかけた男性が座っている。原子力災害現地対策本部の後藤収《おさむ》副本部長だ。左側に経済産業省、帰還を進める内閣府原子力被災者生活支援チーム職員、環境省職員が並ぶ。右側は浪江町役場の馬場有《たもつ》町長ら。

この日は、避難指示解除に向けた「浪江町住民懇談会」が行われることになっていた。いくら反対の声が上がっても、政府は田村市を皮切りに、川俣町や楢葉町など各地の避難指示を解除してきた。実態は、解除を進めるため「住民の意見を聞く」というガス抜きの場となっていた。

避難者たちには、解除に伴って賠償や支援が打ち切られ、生活再建のあてもないままに帰るしか選択肢がなくなることへの不安が広がっていた。帰りたくないはずがない。帰りたくないという人に会ったことがない。ただし、それは〝元のまち〟にだ。自宅は野生動物に荒らされ、安全かどうか明らかになっていない低線量被曝という問題と隣り合わせになる。そして、浪江町は福島第一原発から最も近いところでわずか4キロという距離にある。何かあったときに情報がわからないまま避難する恐ろしさは町民の身に染みている。

筆者はステージ中央に座る後藤氏を見ていた。彼は、原発を推進してきた経産省資源エネルギー庁の審議官を務めていた人物だ。

自民党は2012年12月に民主党から政権を取り戻し、原発政策を「原発ゼロ」から大きく転換。「重要なベースロード電源」として活用する方針を定めた新たなエネルギー基本計画を14年4月に閣議決定した。この2ヵ月後、後藤氏は福井県議会に新たな計画の説明に赴《おもむ》いた。原子力政策については、「福島の事故の反省と再生、復興に向けた取り組みが再構築の出発点である」と強調し、「避難指示解除を具体的に進める」とした。

原発推進をしてきた部署の人物が、審議官としては原発の再活用を進め、この日は原子力災害現地対策本部の副本部長として避難指示解除を進めようと原発事故の被害者たちの前に座っている。ずいぶんあからさまだと思った。

冒頭、後藤氏のあいさつがあった。

「みなさまのふるさとでの生活を再開する環境がおおむね整ったと考えています。国としては町や議会と相談のうえ、最終的に解除を3月末に行うかを判断したい。解除は復興に向けての新たなステージの第一歩です。町民と一緒に復興を進めていきたい」

淡々と話す。何度も繰り返してきた言葉なのだろう。

誰のための帰還なのか

この住民懇談会では、浪江町で被曝量を実際に測った結果、年間外部被曝量は0・79～5・87ミリシーベルトで、中央値（中央に位置する数値）は1・54ミリシーベルトになるという見込みが示された。帰還の支援策として、町に公営住宅など約200戸を整備し、上限15万円のハウスクリーニングの補助金を出すことが告げられる一方で、帰らない選択をした人への生活保障についての話はなかった。

質疑応答になり、前に座っていた高齢の男性が待ち構えていたかのように手を挙げる。

「自宅は居住制限区域にありますが、200～300メートル後ろには除染廃棄物の黒い袋が4段積み重なっています。道路にはトラックがほこりを巻き上げてひっきりなしに走っています。放射線量が高い帰還困難区域と何ら変わりがない。副本部長にお聞きしたい。たとえば、『帰還困難区域に社宅をつくってそこに子ども、お孫さんを連れて住んで通勤しなさい』と言われたときに、住みたいと思うかどうか」

町民席から「私も聞きたい」と声が上がり、あちこちで拍手が起きた。想定済みだったのだろう。後藤氏は、「職場がいま福島市内なのでできないですけれども、浪江でできるんであれば、浪江に住みたいと思います」と答えた。

「ウソつけ」

「孫を連れて来られないだろう」

町民からヤジが飛ぶ。男性も女性も声を上げる。後藤氏が苦い顔をした。

経産省資源エネルギー庁の職員がマイクを取り、助け舟を出した。

「わたくしは来年度中には富岡町に移転します。あの辺に住んでがんばっていきたいと思います」

ヤジは収まった。先輩である後藤氏をフォローする絶妙のタイミングだった。

内閣府の被災者生活支援チームの職員が言う。

「解除したからといって、戻るも戻らないもみなさんの判断です」

「言われるまでもない」

町民席から声が上がる。まったくその通りだ。

年間1・54ミリシーベルトと推定されている放射線の影響をどう見積もるかは個々人に委ねられる。避難指示解除されたのちに「戻る」も「戻らない」も自分で判断するものだ。ただし、福島第一原発事故の損害賠償の指針を決める政府の原子力損害賠償紛争審査会は、解除後1年を目安に一人月10万円の精神的賠償を打ち切る方針を定めている。

原発を推進した者が避難指示解除

深刻なのは住宅の問題だった。避難指示が解除されても帰還しなければ自主避難者と呼ばれ、住宅の無償提供が打ち切られる。２０１４年に解除された田村市と川内村の一部は17年3月末で住宅提供が打ち切られ、15年に解除された楢葉町は18年3月末に打ち切りとなる。

戻れば公営住宅や補助金がある一方、戻らない選択をした場合には家賃補助が月2万〜3万円などとか細く、それもまた2年で打ち切られる。生活の基盤を奪われ避難生活を続けてきた人々に経済的負担がのしかかることになる。

「どうして政府と町が一緒に並んでいるんだ。町と一枚岩でやってるみたいじゃないか。対峙《たいじ》するように座ったほうがいい」

馬場町長は沈黙する。町民からは次々に声が上がる。

「家の中は除染してくれないので、年間2ミリシーベルトを超える。避難先の家賃は東電が出し、原発を推進してきた国は医療費と自宅への高速道路料金の無料を続けてほしい」

「うちは家族全員に甲状腺の異常が出ているんです」

次々に女性たちが訴える。男性も声を上げた。

「この地震の多い国で、なぜ原発をやめないんですか。もうやめましょうよ」

「もう私たちのような人をつくらないで」

「悲しいよ、浪江に帰れないの」

「浪江町を出たこともなかったのに」

原発をなぜやめないのか——。これこそ原発を推進し、再び活用する計画を担当した後藤氏が答えるにふさわしい問いだった。しかし、マイクを取ったのは、経産省資源エネルギー庁の先ほどの職員だった。

「エネ庁の立場では、エネルギー政策のこともありますので、事故後に厳しくした規制基準に適合した原発は再稼働させていく方針です。それ以上は私からは申し上げられません」

淡々として、何も心に響かない。空虚な言葉に反応する者はなかった。

エネルギー政策のこともあると言うのなら、そのエネルギー基本計画を担当した審議官を務めた人がこの場にいる。責任をもってその本人が答えるべきではないだろうか。しかし、後藤氏がこの質問に答えることはなかった。

事故後に厳しくした規制基準、という。設備の耐震性強化や緊急時の電源確保などの対策が盛り込まれているが、日本は災害大国だ。東日本大震災時の気象庁地震津波監視課長、横山博文氏は言っていた。「どこでどれだけの地震が起き、何メートルの津波が来るのかもうわからない」。２０１７年12月に、千島海溝沿いで東日本大震災に匹敵する規模の地震が「切迫している可能性が高い」との見解を、政府の地震調査研究推進本部が発表した。マグニチュード８・８以上の超巨大地震が、今後30年以内に７～40％の確率で発生するというものだ。また、18年１月には草津白根山で予測できない火山の水蒸気噴火が起きた。原子力規制委員会初代委員長の田中俊一氏も、14年７月16日の定例記者会見で、「安全だということは、私は申し上げません」「まだまだ自然のいろいろなこととかいろいろな技術も含めてですけれども、わからないことというのは人知の及ばないところがある」と、新基準でも事故のリスクが残ることを認めている。

そこにいる後藤氏に、説明してほしかった。

「町残し」を口にする首長たち

住民懇談会の終了後、ステージ裏の楽屋に向かったが、すでに後藤氏の姿はなかった。代わりに浪江町の馬場町長がいて、ほかの報道機関のインタビューを受けていた。

「避難指示解除についてどう受け止めますか」

「『町残し』ということなんです。いまの状況でいたら、町はなくなってしまいます。草ボウボウ、荒れ放題で見るかげもない。私は町を残すためにはある程度、草を刈ったり、自然災害で壊れたところは直して、『戻れる人は戻って良いよ』という環境はつくっていきたい。それから町が復興していく。企業誘致したりってことですから」

「町を残したい」とは、避難区域の首長がよく口にすることだ。避難の長期化で住民がどんどん減り、移住者になっていく。これ以上、減るのを防ぎたいということだった。放射線量の問題を脇に置いても、避難が長引けば長引くほど、仕事や子どもの学校、住宅、避難先での新しい生活になじみ、帰還が難しくなっていくことも否定できない。

この日の懇談会では、町民から「どうして政府と町が一緒に並んでいるんだ」という声も上がったが、事実、一緒にやっているのだ。

浪江町は、もともと南相馬、いわき、二本松の3市に避難者が集団で暮らす町外コミュニティ（仮のまち）をつくる構想を進めていた。２０１２年10月には「14年3月を目途に整備する」と具体的目標を盛り込んだ復興計画を策定した。しかし調整が難航し、馬場町長は15年11月の町長選では「浪江は一つ」と町全域の復興を強調するようになっていた。苦渋の選択なのかもしれないが、住民側ではなく、ステージで政府と並んで座るのが、いまの町長のスタンスだった。

町長は、被曝のリスクの問題については触れなかった。

インタビューが一段落したところで、人を探した。会場からの質問に答えていた、あの経産省資源エネルギー庁の職員だ。実は、これまでの原発関連の取材で何度か話を聞いたことがあった。階段の手前にいたところを見つけ、お久しぶりですと声をかけると、足を止めた。

「本当に引っ越すんですか、富岡町に」

「はい。来年度中にとは思っています。調整しないとならないんですけど」

「ご家族は」

「単身です。官舎に住みます」

そう答え、階段を下っていった。町民に答える際にも、「単身です」と言えばいいのに。町民からの質問は、「子ども、お孫さんを連れてそこに住んで通勤しなさいと言われたときにどうするか」だったはずだ。

そう口に出す前に、もう職員の姿は見えなくなっていた。

宙に浮く住民の心情

この懇談会に出た町民の鈴木郁夫さん（49）は、浪江町の自宅を津波で流され、家族は、津波と原発事故でバラバラになった。

一家はかつて農業と建設業を営んでいた。がんの治療中だった母親は、元気で農業もしていたし、茶道や華道を教えていた。ところが、原発事故で東京に避難し、新たな病院で治療を続けようとしたところ、検査をいちからやり直さなければならないとわかった。

「また全部検査をし直すのは嫌だ」と言って、ほとんど治療せずに半年で亡くなった。

「あのまま浪江に住んでいれば、いまでも元気だったろうにと思います」

鈴木さんは、悲しそうに話す。現在は高齢の父親と2人で、避難先として借り上げられた東京都江東区のマンションで暮らしている。父親は、初めのうちは「帰りたい」と口にしていたが、最近は口にしなくなった。もうあきらめたのかと思う。

息子は東京で就職し、娘は千葉で大学に通っている。妻とは離婚した。

鈴木さんは思う。自分には何もない。こっちにいても仕事もない。

知り合いでは、3人が自殺した。1人は中心街のスーパーの経営者で、明るい人だった。鈴木さん自身もよく利用していた。一時帰宅でスーパーに戻り、亡くなった。1人は後輩。1人は職人。仮設住宅を建てているときに落ちて腰を複雑骨折し、その後に命を絶ったと聞いた。

「原発は、一度襲ってきたライオンが寝ている状態。政府は『大丈夫だから帰るように』と言うが、危険が去ったわけではない。原発から溶け落ちた燃料を取り出してから、初めて『戻るかどうか考える』というのが本当のあり方でしょう」

鈴木さんのような意見を多く聞いた。危険性の高い作業の見通しが立っていないのに先に住民を帰すというのは、「順番が違うのではないか」ということだ。町住民懇談会は各地で行われており、前述の東京会場は9ヵ所目だった。ほかの会場でも「せめて第一原発からデブリ（溶け落ちた核燃料）が取り出せた後で復興を考えたらどうか」との声が上がっていた。

後藤氏が福井県議会で説明したエネルギー基本計画の資料には、次のような一文があった。「被災された方々の心の痛みにしっかりと向き合い、寄り添い、福島の復興・再生を全力で成し遂げる」。だが、懇談会で何人もの住民に話を聞いたが、政府が向き合い、寄り添ってくれたと言う人はいなかった。

見え隠れする「核抑止力」

各地で開かれた懇談会では解除に対し反対の声が上がったが、それが政府の判断に影響を与えることはなかった。2017年3月31日には浪江町、飯舘村、川俣町、4月1日には富岡町の避難指示を解除したのである。

朝日新聞と福島放送の福島県民を対象にした同年2月25、26日の世論調査では「早すぎる」が19％、「そもそも解除すべきでない」も22％で、否定的な意見が4割以上を占めた。「戻りたい」とする人たちもいる、とよく官僚に言われる。それはその通りだ。だからといって「戻れない」と言う人たちの避難指示解除後の自立支援や保障がほとんどないのは、おかしいと思う。２０１２年6月に超党派の議員立法として全会一致で成立した子ども・被災者支援法では、「被災者一人一人が居住、移動、帰還の選択を自らの意思によって行うことができるよう、被災者がそのいずれを選択した場合であっても適切に支援するものでなければならない」と定めている。

避難指示解除が進む。再稼働も進む。ドイツも韓国も、福島の原発事故を機に原発から舵《かじ》を切ったのに、なぜ当の日本は「原発は重要なベースロード電源」なのか。

政治家が電力株を持っているから、電力会社を維持するため、電力総連が原発賛成だからと、さまざまな説が飛び交う。取材でもさまざまに聞いた。

宮澤洋一経済産業相が東京電力株を６００株、今村雅弘復興相が東京電力ホールディングス（旧東京電力）株を８０００株……。大臣や副大臣になってから報じられる政治家が多いが、国会議員会館の閲覧室で資産報告書をめくると、電力株を持っている政治家が目立つ。

そのうちの一人、株を持っているある政治家（当時は環境副大臣）に直撃すると、「ずっと前に人に勧められて買ったというだけです。いま売ると逆におかしな目で見られますからしばらく持っているつもりです。こんな騒ぎになるなんて」と苦笑する。

電力総連はどうか。職員は、「原発で働きたいという人たちもいますし、我々は労働者の雇用を守るというのが原則ですから」と言うだけだった。

また、手慣れた政治記者は、「日本経済が破綻《はたん》しないためだ」と言った。廃炉にすると、各電力会社が保有する原発がプラスからマイナスの資産になり、何十年もかけて廃炉にしなければならないばかりか、経済そのものが破綻する恐れがある、という。

いずれも、一面の事実なのだろう。

けれど、4年ほど前にある民主党職員に言われ、ずっと刺さっている言葉があった。

「『核抑止力』ですよ。核抑止力のために必要だって、政治家が会議で言っていました。だから原発増設を条件付きで認めてきたんです」

職員は、発言した政治家として、この会議の後に首相となった人の名を挙げた。

「現役は本当のことを話せない」

原発は、核兵器にも転用できるプルトニウムを生み出す。プルトニウムはたまり続け、2016年末時点で、日本の保有量は約47トン。原爆約6000発分に相当する。非核兵器保有国としては最多だ。

民主党政権で脱原発を議論していたときに、政治家や新聞、専門家が相次いで、核抑止力のためには原発や核燃料サイクルが必要、と訴えた。

中でも石破茂衆議院議員は２０１１年、雑誌「ＳＡＰＩＯ」(10月5日号)で「原発を維持するということは、核兵器を作ろうと思えば一定期間のうちに作れるという『核の潜在的抑止力』になっていると思う。逆に言えば、原発をなくすということはその潜在的抑止力をも放棄することになる」と主張。読売新聞も社説で2度書いている。11年8月10日には、「核燃サイクル　無責任な首相の政策見直し論」として、「日本は、平和利用を前提に、核兵器材料にもなるプルトニウムの活用を国際的に認められ、高水準の原子力技術を保持してきた。これが、潜在的な核抑止力としても機能している」としている。さらに9月7日には、「エネルギー政策　展望なき『脱原発』と決別を」として、「日本は原子力の平和利用を通じて核拡散防止条約（ＮＰＴ）体制の強化に努め、核兵器の材料になり得るプルトニウムの利用が認められている。こうした現状が、外交的には、潜在的な核抑止力として機能していることも事実だ」と記した。

石破発言と社説は、ともに「本音はそれなのか」と物議を醸《かも》した。

専門家も発言した。脱原発の是非を話し合う経済産業省の専門家会合が２０１１年11月

30日に開かれ、原子力研究の重鎮、山地憲治・東京大学名誉教授が、「兵器としても、エネルギーとしても核、原子力の持つ文明史的な意義は否定できない。平和利用に徹して原子力開発を進めてきたわが国が、原子力を放棄して本当にいいのか。核兵器を保有せずに抑止力を持つこと。原子力技術を持っているということ、これはやはり核の時代において国際的に重要ではないか」と、原子力開発維持を訴えた。

一方で、文部科学省が日本原子力文化振興財団に委託していた原子力教育支援情報提供サイト「あとみん」（2012年に閉鎖）には次のように書かれていた。

「発電所ではこのプルトニウムを生み出しますが、核兵器用と原子炉で生まれたプルトニウムには同位体の組成に違いがあります。原子力発電所で生まれたプルトニウムは原子爆弾に利用されることはありません」

真偽を知りたい。核のごみの行き場がないという問題も指摘されていながら、どうして原発政策が進められてきたのかと、前々から思ってきた。

事故直後に、昔からよく知る原子工学科の研究者が語っていた。「現役の学者は本当のことを話せない。実際のことならOBに聞くしかない」。国の科学研究費、委員会、仕事……どこかで必ずしがらみがあるから、現役だと本当のことは言えないというのだ。

筆者がたどり着いた〝その人〟は原子力村の重鎮だった。トップクラスの地位を占めたことがあり、かつてはテレビにもよく登場していた。２０１１年秋に初めて訪ね、都合8回話を聞きに足を運んだ。１度目、２度目、３度目と訪れるたびに、徐々に踏み込んだことを話してくれるようになった。

「僕が言ったということになれば大変なことになる。僕が言ったということではなくて」

「書かれたら困るので、あなたの胸に納めたほうがいいけれども」

合計20時間近くにわたる取材の間に、何度も口にした言葉だ。だが、彼はもう筆者以外の取材は断っているという。原子力村の人の本音が表れた記録として残しておこうと思う。

元原子力村トップクラスの告白

〝その人〟の部屋の本棚は、研究書で埋まっていた。床にも書籍の山がいくつもある。㊙マークが入った過去の書類も、ファイルに綴じてきちんととってあった。

いつも決まって温かいお茶かコーヒーを出してくれる。それを飲みながら数時間以上、取材に応じる。中には2日間連続で話を聞かせてくれたこともあった。

初めて訪れた２０１１年秋のときの様子は印象深いものだった。

「原子力村は原子炉の寿命の倍以上、１００～１０００年に一度のリスクを考えてもしようがない、としてきた。地震学者が声を大にして主張してきたことを無視したのは失態です。東電は対策をさぼっていた。原発事故の対応も致命的な面があった。まさかこんなことになるとはねえ」

と、自らの反省を含めて〃その人〃は振り返る。そして、２００１年の省庁再編で、経済産業省の傘下に原発を推進する資源エネルギー庁と規制する原子力安全・保安院が入った。これが問題の根本と指摘した。

「規制と推進が同じ組織だったことが問題です。別にしなければならないという議論は昔からあったんですよ。10年前に、『もう日本だけが立ち遅れている。やるべきだ』と言ったんですが、経産省から『実がない』と否定されたんです。もし分離されていれば、津波対策が不足しているという指摘が生かされたはずです」

２０１７年3月の前橋地裁判決は、国と東電は津波を予見でき、事故を防げたのに対策を怠《おこた》ったとした。〃その人〃の指摘は、規制と推進が馴《な》れ合い、規制がうまく機能していなかったということだ。そのうえ、多くの幹部が電力会社に天下りしていた。事実、経産省は11年5月に、経産省職員が電力会社に常勤の役員や顧問として再就職した人数を、過去50年で68人に上ると発表している。

それにしても、「実がない」とはストレートな言い方だ。原発を推進してきた経済産業省が外から規制されては、何のうまみもないどころか、足を引っ張られるということだろう。

リスクを考えて規制する存在の力が弱かったために、事故は起きた。事故前には、その指摘も届かなかった。事故の反省を受けてようやく、2012年に環境省に原子力規制委員会がつくられることになる。

「このまま原子力政策が止まると、研究者が育たなくなる」と〝その人〟は心配そうに言う。

原子力学科は、チェルノブイリ原発事故後に各大学で姿を消しつつあった。原子力村のOBに当たるように示唆《しさ》した筆者のよく知る研究者の大学でも、名称はとうになくなっていた。もう研究することがない、学生が集まらない、それがこの原発事故で加速するのを懸念する。

「原子力の技術が継承されない。ただ一つだけでも原発は残したほうがいい」

「このご時世だから仕方ないのではないでしょうか」

筆者が言うと、うん、と寂しげにつぶやいていた。

それからも折りに触れて足を運んだ。知りたいことはいくらでもあった。

世界一ではない原発再稼働基準

2012年冬に再び自民党政権となり、原発政策は再利用へと大きく動いた。原発再稼働のために、地震や津波対策を厳しくした原発の新規制基準がつくられた。そこで、安倍政権がエネルギー基本計画で「世界で最も厳しい水準」としていることに対して〝その人〟の見解を聞きに行った。〝その人〟は目を細めて、おかしそうに笑った。

「『世界で一番厳しい』なんて科学の世界ではありえないですよ。田中君もそう言っていないでしょう」

〝その人〟が田中君と呼ぶのは、原子力規制委員会の田中俊一初代委員長のことだ。田中氏は〝その人〟の原子力村の後輩にあたる。

「国によってどこが厳しいという基準が違うでしょう。『この国はテロ対策が厳しい』『この国は情報漏洩《ろうえい》対策が厳しい』などいろいろある。米国、フランス、ドイツ、日本で、規制側が情報交換する会議があり、20年前、日本は『水位が下がったりして、ポンプから水が吸い上げられなくなったときの対策がない』と批判された。確かにそうだった」

新基準については専門家から数々の指摘がある。欧州で求められている溶け落ちた炉心を受け止めるコアキャッチャーの設置や、二重構造の格納容器は新規制基準では必要とされていない。

何より指摘が多いのは、避難計画が審査対象ではないことである。福島第一原発事故では、双葉町の石田次雄さん（75）が自宅に取り残され、10日ほどのちに餓死した。事故で避難指示が出て目の前の道路を町民が避難していく中で、2階に閉じ込められ、逃げられなかった。1階が津波でやられていたためだ。筆者の前で、長男の賢次さんは、「どうして助けられなかったのか」と悔しがっていた。

原発再活用の動きが進むにつれ、〝その人〟の表情は、見た目にはっきりわかるほど明るくなっていった。

「ようやく報道のみなさんも、わかってきたみたいだねえ」

いつもにこにこしているのだが、いっそう表情を崩した。数年前、1基であっても残すべきだ、と言っていたときの心細そうな様子とはずいぶん違う、晴れやかな顔だった。

ただ、原発の集中立地の問題を心配していた。福島第一原発では1〜4号機が密集していたため混乱し、爆発が続いた。福島第一原発の事故時は吉田昌郎《まさお》所長も東日本壊滅を意識したほどだ。密集していると事故時のリスクが何十倍にもなる。

「『世界にはここまで複数号機になっているところはない』と前から指摘していた。学会でも主張した。受け入れる場所がないからついついお願いしてしまうということだが、安全面では好ましくない。テロの心配もあり、集めるべきではない」

しかし、すでに集中して原子炉が建設されてしまっている現実がある。

原発を新たにつくるには、地道に地元を説得する必要がある。一度つくったところは建てやすく、2号機、3号機と続いて建ってきているのが現状だ。地元自治体もそれだけ交付金を受けられる。一度原発受け入れに舵を切れば、「次から次にほしくなる」とまでいわれている。とくに福井県の若狭《わかさ》湾周辺には、廃炉中を含めて15基の原子炉がある。すでにあるものをどうしたらいいのか。

「1ヵ所で認めるべきなのは2〜3基くらいで、残りのは古いものから段々廃炉にしていくしかないじゃないですかねえ。規制というより、規制委の審議で、実質的に稼働を認めないという方法があるのではないでしょうか」

〝その人〟が言った通り、その後、新しいものから順次再稼働されている。完全な安全はない。リスクとどこで折り合いを付けて生き延びるか。「原子力村」の人たちの考えは、どこかでつながっているように見えた。

日本の核武装可能性

〝その人〟が、原発再活用が進んで喜ぶのは、原子力村の研究者としてある意味当たり前だ。けれど、どうして政府は原発を再び進めていくのか。

訪れて3度目。ある程度、信頼してもらえたのか、秘密文書を見せてくれるようになった。

このタイミングで、ついに踏み込んで尋ねてみた。日本が持つ約47トン、原爆約6000発分のプルトニウムについてだ。

「どれぐらい核兵器への転用が可能なのでしょうか」

〝その人〟の目つきが剣呑《けんのん》になった。言うなれば、獲物を見つけた目だ。

「兵器に使える状態に加工してあるかどうか。どれぐらいのことをやれば元に戻して使えるかということですよね」と切り出した。

「これは書かれたら困るのであなたの胸に納めたほうがいいと思うが、『核武装したい』と国会で決めるなりしたら、そこから延々と時間がかかるわけではありません、ということ」

きっぱり言い切った。いつもの柔和な表情はそこにはなかった。

「北朝鮮が騒ぐでしょ？　日本という技術を持った国がその気になればね？　いろんな形のプルトニウムがある。原子炉に入っているもの、プルトニウムという形で純粋に抽出されたのもある。六ヶ所村でも抽出作業をしていた」

日本原燃の六ヶ所再処理工場では、2006年3月から08年10月まで使用済み燃料からのプルトニウムとウランの抽出作業が試験として行われ、プルトニウム約7トン、ウラン約366トンが生産された。

「政治的結論までには時間がかかるでしょうけれど、国の権力をもって決断をすれば時間がかかるわけではない」

時間がかからない、と繰り返した。背筋が寒くなった。

日本は戦時中に理化学研究所（東京）と旧京都帝大（現京都大）で軍の委託で原爆を開発する研究、「ニ号研究」と「F研究」が行われていたが材料がなかった、という話も交えた。材料ならいまはある。

「数ヵ月でしょうか？」

「1年もそこらもかからないということです」

国が核武装をすると決めれば、1年以内にできるということだ。前述の石破氏の雑誌インタビューを思い起こした。

「原発を維持するということは、核兵器を作ろうと思えば一定期間のうちに作れるという『核の潜在的抑止力』になっていると思う」

一定期間というのは1年もかからず、ということか、とも思った。

プルトニウムをすぐに兵器に使うためには純度を高めなければならない。47トンのうち、どれくらい「兵器級」といわれる純度の高いものがあるか、尋ねた。

「実際にどれぐらいあるのか、霞が関（官僚）でも担当ラインの一部の人間しか知らない。僕らも『先生だから申し上げますけれど、どれぐらいだと思いますか？』と聞かれるぐらい。『これぐらいかな』と言うと、『先生、甘いですね。そんなに少ないと思いますか？　もっと大きいですよ』と、にやっと笑われました。本当の数字は直接担当している官僚とトップぐらいしか知らされていないと思います。それぐらいの守られ方なんですよ。突き詰めて知ることはルール違反。担当でない者がそれを知ろうとすること自体がルール違反。アメリカは神経質になって探っている。ワシントンに行ってもさりげない言葉で聞かれる。何キロあるんですかと。だからぱっと離れるようにする。日本とアメリカというのは、裏に回るとすごいアレがあるんですよ。覗《のぞ》かれている、見られている。盗聴もある。とにかく日本がそういう量を保持しているのかは最高の国家機密。僕らも知っていなければならない。『いつでもやり返せますからね』と」

対北朝鮮というだけでなく、対米国もある。話がどんどんきな臭くなっていく。

それで、結局何キロなのかと聞いてみた。

「数十キロクラスですか？」

「東海村にそれぐらいはありますよ」

〝その人〟の口調は丁寧で、落ち着いている。何より強く感じたのは、科学者としての矜《きょう》持《じ》だった。

「『日本は原子力発電をやりません』と言った瞬間に、足元がバーッと崩れる。原子力を持っていることと隣り合わせですから、『軍事研究』と『平和利用』とどこかに線引きができるはずがない。隣り合わせのところで、僕はいちばん近いところだったから」

部屋は暖房から温風が吹き込んでいるのに、少しも暖かさを感じられない。筆者の心配が顔に出たのか、〝その人〟はお茶を飲んで表情を崩した。

「『絶対核兵器を持たせない。我々がいなければできないはずだ』という人たちが中核にいる限りは大丈夫ですよ。そうやって、核は守られてきているんです。『(国際的な)恐怖はない』と言われたら、それはいいんですけれど、そんな保証は誰がしてくれるんですか？　研究者の本当に中枢にいる何人かは、腹を括《くく》って、やらなければならないことがあったら、そのときに自分たちの最善の方法でやらなければならないと思ったらやれるし。能力がないということはないですよ」

気のせいか、晴れがましい表情のように見えた。

米国のプルトニウム引き渡し要求

この3ヵ月後、〝その人〟が驚くことが起きる。

2014年2月ごろのことだが、「核セキュリティー」を重視するオバマ米政権が日本に対し、プルトニウムと高濃縮ウランの引き渡しを要求する動きがあるという情報を、自社の先輩である奥山俊宏編集委員から聞いた。「テロ対策」の一環としてのことだった。

引き渡し対象は茨城県東海村の高速炉臨界実験装置（FCA）にある核物質だった。同施設にはプルトニウム約300キロと高濃縮ウラン約200キロがあるという。プルトニウムの8割は核爆弾に転用しやすい純度92％だ。まさに、〝その人〟が言っていた東海村のプルトニウムではないだろうか。

〝その人〟の元に飛んでいって、まず数字の確認をした。

「ああそうですよ。この数字ははっきり覚えています」

あっさり、そう言った。「1年もかからずに原爆ができる」というのも鵜呑《うの》みにはできない。もしかしたら実際はもっと早いのかもしれない。科学記者と深いつきあいをし、原発を推進してきた本人だ。

「引き渡せという米国からの要求は、5年か10年に一度来てますよ。少なくとも20年ぐらい前から。『テロ阻止目的で、日本に懸念を伝達する』と。こちらは『研究に必要』ということでご理解いただいている。実際に『日本だけ再処理を認めているのはおかしいじゃないか』という声がよその国から上がってきている。米国は、『日本だけひいきにしている』という批判を免《まぬか》れるために、定期的に引き渡し要求をしてきている」

日本は日米原子力協定で、核兵器を製造しない条件でプルトニウムを取り出す核燃料サイクルが認められている。非核保有国では唯一だ。ウランと混ぜたＭＯＸ（ウラン・プルトニウム混合酸化物）燃料にして再び原発の燃料にする。

〝その人〟にぶつけた。

「今回は本気なのではないでしょうか」

にこにこしている顔が真顔になり、目つきが厳しくなった。

「もしも、米国が本気で渡すように要求してきたとしたら、それは大問題です。可能性とすると、安倍政権が右翼化してきて、信用できなくなったということかと思う。ただ、日米関係はそこまで逼迫《ひっぱく》していないと思う。北朝鮮の核問題もあるときに、ここで『ウランを渡せ』と本気で言うとは思えない」

前回訪れたときから、聞いてみたい質問があった。研究目的で置いているというのは、〝単なる名目〟ではないのか、ということだ。

「研究目的というより、国防的な役割が大きいんですね？」

「そう」と、うなずいたうえで付け加えた。

「高濃縮ウランはすぐ核兵器にできるからね。我々科学者でそれを思っていない者はいないと思う」

各国から日本が核武装するのでは、と恐れられている現状と符合する。

「そもそも、高濃縮ウランがあるFCAは実験の役割を終えている。もちろん研究者としては『研究のために必要だ』と言うよ」

想定外の展開

その後、事態は〝その人〟の見方とは異なる方向に進んだ。

1ヵ月後の3月24日、日米両政府は、「全量撤去し（米国で）処分する」との共同声明を出した。米国に輸送し、最終処分に向けた処理がされ、高濃縮ウランは民生用の低濃縮ウランに薄められる。安倍晋三首相はこの直後、オランダ・ハーグでの核保安サミットで、「今後も、同様の考え方で、これらの核物質の最小化に取り組んでいく」と述べた。

〝その人〟は、米国が本気で引き渡しを要求しているのであれば、「安倍政権が右翼化してきて、信用できなくなったということ」と話していた。まさに、その通りのことが起きたのではないだろうか。

しかし兵器級を引き渡すと、日本は原爆をつくれなくなるのか。〝その人〟は言った。

「ほかにどれぐらい高濃縮ウランや兵器級プルトニウムがあるかは、プルトニウムは想像がつきますが、極秘事項。また、ウランを原子炉であぶって持ってきて再処理して純度の高いプルトニウムを抽出し、原爆級を、というのは原理的には可能なはずです」


文科省委託事業の日本原子力文化振興財団のサイト「あとみん」には、「原発で出たプルトニウムは原爆に利用されることはない」という記述がある。これに対し、放射能の公的研究機関で研究している知人男性は、「事実ではありませんね。少し手間はかかりますが、つくれます。つくれると記した論文があります」と笑いながら話した。

論文は、内閣府原子力委員会委員長代理を務めた鈴木達治郎氏、元原子力安全委員長の鈴木篤之氏らが2000年に日本原子力学会の英文誌に発表したものだ。原子炉級プルトニウムの爆発力について科学的検証を行い、「もっと進んだ現在の兵器設計を使って圧縮時間を短縮すると、原子炉級は、核兵器級に匹敵する爆発出力を持つことができる」とした。

鈴木達治郎氏は2015年8月、「核兵器廃絶日本NGO連絡会」のウェブサイトに「プルトニウムと核拡散リスク」との文章を寄稿している。「原子炉級プルトニウムはその発熱量や早期爆発の可能性等から、核兵器製造がより困難。（中略）しかし、たとえ爆発能力が落ちた場合でも、初期の原爆（広島・長崎型）に近い爆発力以上の威力を発揮することができる」とし、「原子炉級プルトニウムの核拡散リスクを過小評価し、それを根拠に核燃料サイクルの正当性を主張すればするほど、日本の原子力政策、核不拡散政策への信頼感は失われ、日本の『非核政策』についての疑念もかえって高まる」と指摘した。

原子力の教育サイト「あとみん」をつくった日本原子力文化振興財団は、原発事故後に「日本原子力文化財団」と名前を変えている。筆者が２０１７年10月、広報職員に「原発で出たプルトニウムは原爆に利用されることはない」とはどういう意図の記述なのか尋ねると、「本当にそう書いてありますか？」と驚いたような反応が返ってきた。

確認を求めると、メールで以下のように返ってきた。

「作成にあたっては委員会を立ち上げ、委員の方々が原稿を作成されていたようです。すでに担当者も退職していることや、技術的なことですので、当方からのコメントは差し控えさせていただきたくお願い申し上げます」

この財団は、原子力政策に係る広報事業を担い、２０１１年、12年度には国から14件計5億5０００万円の事業を受注。中部電顧問、元東電副社長が役員を務めていた（朝日新聞２０１３年６月17日付朝刊）。元副理事長は「原発で出たプルトニウムは原爆に利用されることはない」の記述について、「そのまますぐには利用できない、という意味じゃないかな」と話したが、とてもそうは読めなかった。

日米原子力協定の延長

２０１７年１月。オバマ政権は終わり、トランプ大統領が誕生した。トランプ大統領の強硬姿勢に対し、北朝鮮がミサイルを太平洋に繰り返し撃った。日本ではＪアラート（全国瞬時警報システム）が鳴り響き、人々は頭のすぐ上をミサイルが通過したかのような恐怖を味わった。

緊迫した状態が続く中、２０１８年１月、30年の期限を迎える日米原子力協定が自動延長されることが確定した。原発の使用済み核燃料からプルトニウムなどを取り出す「再処理」を日本に認めるもので、この年の７月に期限を迎えるため、延長されるかどうかが以前から注目されていた。六ヶ所村の再処理工場が今後稼働すれば、毎年最大８トンのプルトニウムが生まれることになる。

〝その人〟は言う。

「ミサイルが六ヶ所村、東海村を狙うと言っている人がいると聞きます。核攻撃されたら核でやり返すのが常識。六ヶ所、東海村がやられたら、やり返すのが難しくなります」

２０１７年10月の衆議院選挙は、脱原発か否かが争点の一つになった。候補者の中には、「国防上、核抑止力にも絡《から》むため、安易な廃止論は国家滅亡への道」と核抑止力との関係を堂々と主張している人もいた。一方、脱原発を訴え躍進した立憲民主党は「原発ゼロ基本法」の成立を目指している。再び脱原発と核抑止力が論じられる日は近いかもしれない。

原子力に偏ったツケ

２０１７年11月、石破茂・自民党元幹事長は東京都内で講演し、「日本の場合は、北朝鮮であれ、中国であれ、アメリカであれ、ロシアであれ、周りが全部核保有国。私は核兵器を持つべきだという立場には立っていないが、その気になったら核兵器をつくることができるという技術は、日本は持っておくべきだ」と述べ、原発は当面、続けるべきと改めて主張した。

国防、再稼働、避難指示解除……。別々のようでいて、すべてが絡まり合って同時に進んでいく。

政府は年間の被曝量が20ミリシーベルト以下であれば帰還できるとした。

被曝を恐れて人々が帰らない現状について、〝その人〟に尋ねたことがある。

「私が取材した放射化学専攻の元大学教授は、『どこまでなら被曝しても安全だという値はない。だから被曝しなければしないほどいいんだ』と話していました。彼は広島の被爆者です」

と言うと、筆者の目を見て、問いただすように言った。

「どのマスコミも、『どこまでが安全な被曝量なのか、国がお金を出してしっかりした研究をやるべきだ』という主張をしてこなかった。妥協するより仕方がない。バランスを取るのが政治ですよ」

リスクは増える。けれども地元福島を離れて避難生活を送るのもリスク。避難先での孤独死や認知症、自殺もある。避難するのもまたリスクになる面がある。どこで折り合いをつけるのか、個々人で決めるしかないのが現状だ。

ＯＢに話を聞くように示唆してくれた先述の原子工学の研究者はがんになり、２０１３年に亡くなった。生前、「研究の邪魔になる」と線量計をつけず、大学での研究に没頭していた。自身の被曝量はわからない、と話していた。

研究者の死を〝その人〟に告げると、

「僕の周りもね、ああ、あの人もか、あの人もか、とがんになってね……」

一人ひとりの顔を思い浮かべたのか、表情を曇らせた。

原発の定期点検で何十年も前から被曝しながらも働き、白血病やがんで労災申請する原発の労働者、原発事故直後に第一原発で作業に就き、「15分で10ミリシーベルト浴びました。（高い線量を浴びて作業する）『線量部隊』なので」と笑いながら「だるい」と訴える30代の建設作業員がいる。そして、低線量被曝の影響が明らかになっていないのに、帰還政策が進められ、迷い悩む福島の数万人の人たちがいる。

リスクと折り合いを付けながら原子力政策を進めるということは、さまざまな矛盾をすべて引き受け、受け入れよということにほかならない。

人を傷つけ、被曝しながら守るものとはいったい何だろう。本当に国防のために有効なのか。二度と戦争を起こさないためにベストな手段なのか。

廃炉までの道筋も見えていない。

公表されている「廃炉まで30〜40年」という見通しについても意見を求めた。

「福島第一原発の燃料の映像を見て驚きました。もう少し形を保っていると思っていましたが、ここまで崩壊しているとは。我々は地獄に行かざるを得ないと思いました。30〜40年というのは、『ここまでの地域はもう住めませんよ』と言えるようになる期間にすぎない。コンクリートで覆《おお》っても、熱をもって爆発してしまう。いまの僕たちには対処は無理です。何か新しい技術が開発されない限りは対処できません」

それでもなお、原子力復活に期待をかける。

「政府は別のエネルギーを開発することに労力もお金もかけていない。最終的には、『やっぱり原子力しかない』と帰ってくるんだと予測しています。僕が生きているうちには無理でしょうけれども」

*

原子力村と呼ばれる関連業界の繁栄の裏で、新エネルギー開発は滞《とどこお》り、開発者たちは辛酸《しんさん》を嘗《な》めてきた。

原発に代わるエネルギーの実用化が、1960年代から通産省の国家プロジェクトとして研究されていた。2000〜3000度の高熱で効率よく超伝導で発電する方法で、年数億円の研究費がついたが、約20年で終了。各メーカーも手を引いた。研究者の一人である国立大学名誉教授は、「続いていれば、実用化の可能性は大いにあったと思っている」と話す。別の国立大学教授は、プロジェクト打ち切りで家庭が経済的に厳しい状況に陥った。教授本人は失意のまま亡くなった。

生前、家族に話していた。

「原発に代わるエネルギーを開発していた。原発ばかりに研究費がついて、新しいエネルギーにはつかないんだ」

原子力村の〝その人〟が言うように、「新しいエネルギーの開発をしてみたけれど、結局は原子力しかない」という結論があらかじめ用意されてはいないか。新電力は、送電線の使用料である託送料金を既存の大手電力会社に支払っている。経産省は、福島第一原発事故費用を託送料金に上乗せすることを決めた。新電力には、脱原発を目指して再生可能エネルギー中心の電力を販売している会社が少なくない中で、「参入が難しくなる」との声が上がっている。

この社会は、本当にさまざまな選択肢からよりよいものを選ぶことができているといえるのか。そして、政府がその選択肢を取捨する際の情報は、正しく開示され、説明されているのか。

大きな問いが投げかけられている。

第4章　官僚たちの告白

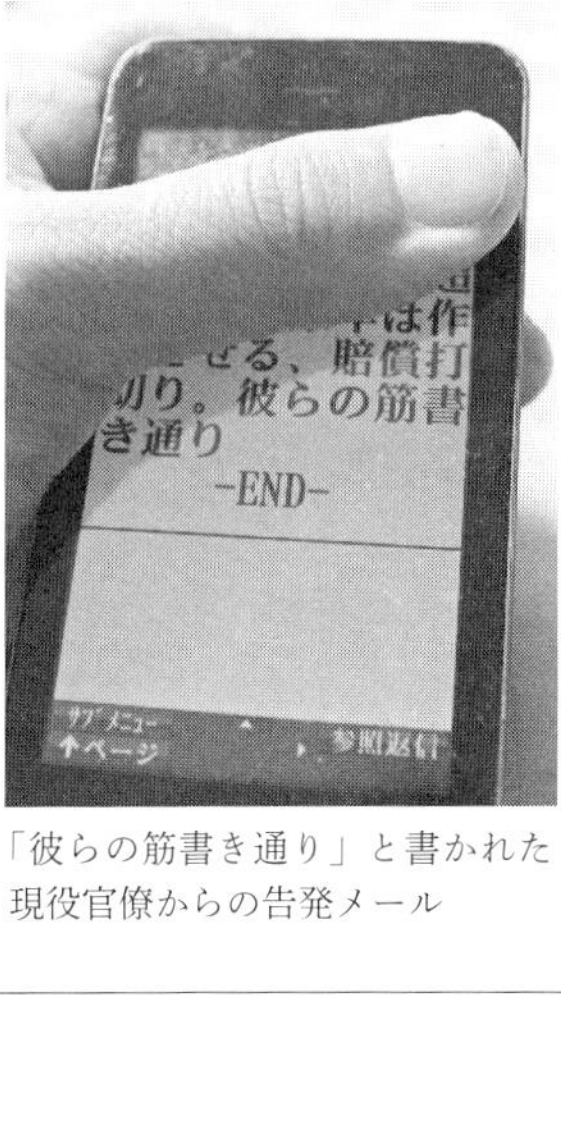

「彼らの筋書き通り」と書かれた
現役官僚からの告発メール

都合が悪いことは隠される

福島第一原発事故では、重要な情報が隠され、事態は錯綜《さくそう》した。

SPEEDI（緊急時迅速放射能影響予測ネットワークシステム）で放射性物質の拡散予測が出ていながら公開されなかったこと、原発がメルトダウンしていたのに隠されていたこと、大きなことから些末《さまつ》なことまで挙げていけばきりがない。何が起こっているのか、事実を追い求める私たち取材者も翻弄《ほんろう》され続けた。掘り起こして報道したつもりでも、その裏にさらに深い闇がある。

そんな中、「彼らの筋書き通り」と、筆者の携帯電話に一通のメールが届いた。

官僚たちが、秘密裏に隠蔽《いんぺい》を図っていた事実を明かし始めた。

＊

ずっと福島第一原発で技術系の仕事を担っている男性がいる。事故前も、事故後も、そして50代となり、責任ある立場になった2018年のいまでも。

男性は思う。がれきが取り除かれ、道路もきれいになり、外観上はだいぶ整った。しかし外からは見えないところが問題だ。溶け落ちた燃料はいったいどうなっているのか、まだまだわからない。

通常の廃炉作業でも30年かかるといわれる。福島第一原発の廃炉作業は、政府の廃炉・汚染水対策関係閣僚等会議（議長・菅義偉官房長官）が決めた全体で30～40年どころか、何十年も続くだろう。燃料を取り出す方法もわからない。自分が生きているうちに燃料が取り出せるか。政府は原発の数キロ近くまで住民の帰還政策を進めているが、現場の一人として言いたい。

「まだダメだ。帰るんじゃない」

大気中へ、海へ、原発の建屋から放射性物質は拡散され続けている。「汚染水による影響は港湾内で完全にブロックされています」と安倍首相は言った。果たして、本当にそうだろうか。原発の「五重の壁」が、すべて破られてしまっているのだ。避難指示解除になった区域の汚染レベルが、ものすごく気になる。

これまで男性が働いてきた現場では、基準以上に汚染された物質を放射線管理区域外に出さないように厳しい管理が行われてきた。

ところが、基準以上の地点が散見される土地が、一般の人々が「普通に住める地域」にされていく。

いままで厳しく言われてきたことはいったい何だったんだろう。原発で働いている自分たちにとって現場で危険とされていたもの、持ち出してはならないとされていた以上の汚染が、原発周辺の住民には「日常」「安全」にされている。まるで別の世界に迷い込んでしまったようだ。

疑問を口にしようものなら、「風評被害だ」という批判が来る。だが、現地で「復興」のために活動している人たちは、どこまで危険性を理解しているのだろうか。

最難関の溶け落ちた高線量の燃料へのアプローチについては、方法すらわかっていない。危険な作業はまだまだこれからだ。何でも都合が悪いことは隠される。思えば、2013年のあの夏からの一連の動きも、そうだった——。

2013年、がれき撤去でコメ汚染か

福島第一原発の夏は暑く、30度を超える。全面マスクで息苦しく、クールベストという保冷剤を入れたベストを着ても、すぐにぬるくなる。夏はときに強い風が吹くが、全身を防護服で覆《おお》っているので恩恵はほとんどない。

男性は当時47歳だった。汚染水処理用の配管を設置する作業をしていた。

作業を終えると汗びっしょりで、休憩所に入るやいなや、みんなすぐに服を脱いだ。マットの上に倒れ込む者もいた。2013年は8月に入ってから晴れの日が続いており、熱

中症になりかけていた。

　8月13日、東電のホームページに、前日に作業員10人に社内基準以上の汚染が見つかったと載っているのを見た。最大で基準の約5倍。その一週間後も2人から基準以上の汚染が見つかったと記載があった。最大で基準の約3倍だった。いずれも放射能濃度上昇を示す高警報を上回る「高高警報」が鳴ったというが、自分でホームページを見なければ情報がない。いつものことだった。

　爆発した福島第一原発3号機では、原子炉建屋の天井から最上階床に落ちた天井走行クレーンのガイドレールを取り除く作業をしていた。巨大で、切断してクレーンで吊り上げていた。原子炉の上部で高線量のため、付近の道路を通行止めにし、クレーンは遠隔操作していた。

　男性は、がれきを持ち上げた拍子に粉塵が飛び、汚染されたんだろうなと思った。現場では粉塵が飛ばないようにする飛散防止剤を、あまり撒《ま》いていなかったとも聞いた。

　東電は10日ほど後になって「汚染原因はがれき撤去の可能性が高い」と発表した。

　この年の秋、南相馬市で収穫されたコメに基準（キロあたり100ベクレル）を超える汚染が見つかり、農林水産省が「がれき撤去での放射性物質飛散が原因の可能性がある」として東電に再発防止策を要請。現場は対策に追われた。

男性は、人づてにこの事態を聞いたが、がれき撤去作業がコメを汚染した可能性があることは、公表されなかった。

コメに基準超の汚染が発見された場所は、人々が現に暮らしている地域を含んでいる。第一原発構内にいる自分たちも知らなかったくらいだから、住民にはまったく知らされていないだろう。飛散を知らずに放射性の粉塵を吸ったかもしれない。公表すると、「いまでも危ないいんじゃないか」と大騒動になるうえに、帰還する人がいなくなるから、国がうやむやにしているんだろうな、と男性は思った。

でも、それでいいのか——。

公表し、原子炉建屋全体をコンテナで覆うなど抜本的な対策をしたほうがいいのではないだろうか。福島第一原発事故は安全対策を怠《おこた》ったために起きた。事故が起きてもなお、安全よりも経済性優先で進めているのか。まったく変わらないな、と男性は思うのだった。

追い詰められる農家

一方、南相馬市の農家では、２０１３年に本格的なコメの栽培に向けて試験的に栽培が行われていた。前年は、市内では基準を超えたコメはなかった。避難指示区域外でセシウムが基準内であれば販売もできる段階だった。

ところが、秋になって、避難指示区域内の水田5ヵ所に加え、避難指示区域ではなく、人が住んでいる福島第一原発から20キロ圏外の地域の水田14ヵ所でも基準超のセシウムが次々に検出された。計19ヵ所。地元は大騒ぎになった。

農家たちは、稲の放射性物質のセシウムの吸収を抑える効果があるカリウム肥料を入れて、汚染が出ないように対策をしていた。農機具の放射性物質が作物に移らないように、ガイドラインを策定して農機具の洗浄も徹底していた。

原因は何か。土からか、川の水からか。同じ太田川の水と水道水でそれぞれコメを育てたが、セシウム濃度に有意差はなかった。

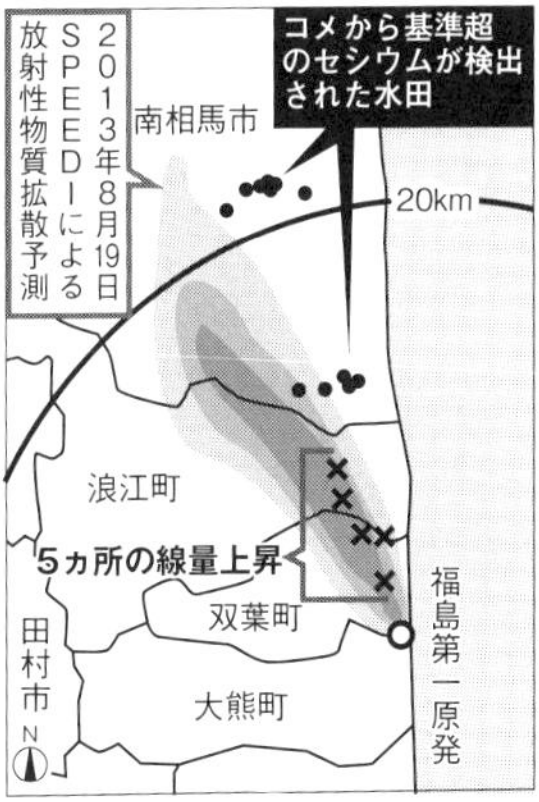

霞が関でも、農水省の職員たちが考え込んでいた。放射性物質は、いったいどこにどのようについているのか。
農水省は、「イメージングプレート」で調査した。
イメージングプレートは、高感度で放射線を検出でき、どこに放射性物質が付着したかを示すことができる。今回検出されたコメには放射性物質が部分的に粒状に付き、胚《はい》にも付いているのが確認できた。水や土から吸い上げたのであれば、粒状ではなく全体的に出るはずだ。穂が出てくる8月の「出穂期《しゅっすい》」に外から付着した可能性が高いことを示す証拠だった。野草や浪江町の大豆、トウガラシの葉にも同様に、点のように放射性物質が付いていていた。農水省は、この時期に福島第一原発から放射性物質が飛散する問題が起こっていたことを確認した。

福島第一原発では、大型がれきの撤去をしていた8月12日と19日に作業員計12人に基準以上の汚染が見つかった。8月19日には、第一原発の北北西の5ヵ所の双葉、浪江町内のモニタリングポスト（放射線量測定装置）で空間線量値が上昇した。いちばん近いモニタリングポストは、双葉町内で原発から2・8キロ。もっとも遠いところは浪江町役場で原発から8・3キロ離れていた。福島県は、5ヵ所はいずれも第一原発の風下だったことから、線量上昇について「放出源は福島第一原発とみられる」と27日に発表した。

基準超が出たのは、5ヵ所のさらに風下方向の水田になる。第一原発から飛んできた放射性物質が付いたのが原因ではないかと思われた。

東電は4時間のがれき撤去で放射性セシウムが最大4兆ベクレル飛散し、南相馬市役所に最大で1平方メートルあたり400ベクレルが沈着したと試算し農水省に伝えた。

東電は、次に1号機の建屋カバー撤去を予定しており、放射性物質の放出量が3〜7倍に増えるとみられていた。農水省は飛散防止策を求めたが、東電は規制委に厳しく指導されない限り、本腰を入れないようにみえた。

一方、政府は2013年のコメの基準超の理由が不明のまま、14年春から市内でほぼ全面的に作付けをできるようにした。農家から「原因がわからないのに時期尚早」と不信の声も上がったが、前年の半数の農家が作付けに応じた。7月中には、政府が原発により近い避難指示区域で長期宿泊ができるようになる措置を行おうとしていた。帰還促進のためだ。対策が不十分の状態で、住民が原発のより近くに来る。「責任を押しつけ合ってる場合じゃないのに」「住民に安全だと言って帰していいのか」と、農水省職員に不安と焦りが募《つの》った。

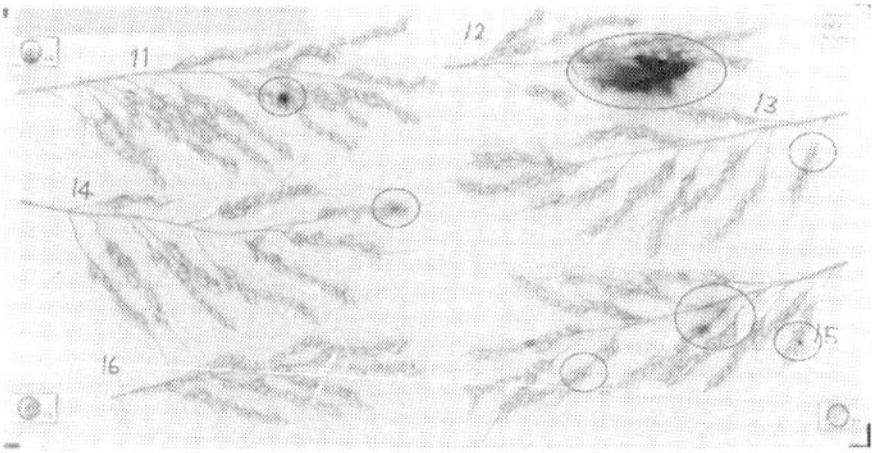

「イメージングプレート」の画像に可視画像を重ねたもの。丸で囲った部分（黒点）に放射性物質の付着が見られる

摑んだ「痕跡」

実はこの2013年夏の異変を、京都大学や東京大学の研究グループが捉えていた。8月中旬に原発から北北西の福島県北部や宮城県に飛んできた放射性物質をそれぞれ観測、が

れき撤去作業との関連を指摘していたのである。

京都大学大学院医学研究科の小泉昭夫教授（環境衛生）ら5人は、住民の被曝量を予測するために福島県内の住宅地に頼み込み、3地点に空気捕集装置を置いて大気中の粉塵を集め、1週間ごとに放射性セシウム濃度を測定していた。8月15～22日分の粉塵から、原発から北北西27キロの南相馬市でほかの時期の20～30倍の放射能を、北西48キロの相馬市では6倍の放射能を検出した。西南西の川内村ではほぼ変化がなかった。

小泉教授らは、「当時の風速や風向きによる放射性物質の拡散予測と一致する」として、福島第一原発で行ったがれき撤去で飛散してきたとみた。

また、東京大学大気海洋研究所の中島映至《てるゆき》教授らも別に福島第一原発からの放射性物質放出を監視してきた。原発から北北西59キロの宮城県丸森町役場に大気中の粉塵を集める装置を設け、4～5日ごとに回収した大気中の放射性セシウム濃度を調べていた。

風速や風向きから気流をそれぞれ追ったところ、福島第一原発からの汚染粉塵が丸森町まで到達したとみられるケースが8回あった。もっとも濃度が高いのは、２０１３年8月16～20日だった。前後の時期の50～１００倍もの数値に達していた。研究チームは8月19日の飛散が原因とみた。

中島教授らのグループは、翌２０１４年5月の横浜の日本気象学会で、この研究結果を発表した。中島教授は取材に対し、「通常のがれき撤去でも広範囲に影響があることがわかった。東電は費用をかけてでも飛散防止に万全の策をとるべきだ」と話した。

住民に知らせるルールはない

南相馬市の旧太田村は、のどかな水田が続く農村地帯だ。この地域は避難指示区域ではなく、人が通常通りに住める地区だった。青々とした水田と木々が調和している。見事な大木が伸びているかと思うと、相馬太田神社と記載があり、石段を上った奥に厳《おごそ》かな拝殿が見えた。

神社は、中村神社、小高神社と併せて相馬三妙見社と呼ばれる古社だ。地域の行事「相馬野馬追《のまおい》」の出陣式が行われる。騎馬が田んぼの中を歩いていく風景が地元の人たちに楽しまれてきた。

地域の農家も一軒一軒が大きい。

筆者が訪れた2014年7月中旬のこの日は、小雨がぱらついていたが、全体の緑のトーンに、葉に雨が当たる音がしていた。それもまた、美しい風景だった。従来なら水田の緑が一面に広がり、もっと美しいのだろうが、作付けせずに雑草が生えるにまかせているところが散見された。

この旧大田村でコメの基準超が集中的に検出され、原因がわかっていないことから、作付けをあきらめる農家が続出したのだ。地区の農家の男性に尋ねた。

「近所で汚染米が出てショックだった。『原因は何だろう』と自分なりに探っていたんだけど、まったくわからない。再び汚染米が出ないようにとカリウム肥料やゼオライトを何トンも混ぜたんだよ」

不安になっていたのか、疲れたように話した。基準超が出た農家の家をさして、「あの家で出たんだよ。しっかりやってたっていう話なんだけれども」とつぶやく。みんなで努力して基準以下にしようとやってきたところ、どうして基準超が2年ぶりに出たんだ、と責める雰囲気にならざるを得なかったのだろう。

東電のがれき撤去による放射性物質の飛来が原因の可能性があることを伝えると、「え、そうなの。事故から2年も経ってるのに？　また飛んできてたの？」

がれき撤去による飛散があったときは、事故から2年と5ヵ月が経っていた。驚いたことだろう。筆者も初めて聞いたときは驚いた。

農水省に確認したところ、「ほかのあらゆる可能性を全部調べた結果、原発のがれき撤去で飛んだ可能性しか残っていないんです」との見解だった。それを農家の男性に伝えると、「だったら、そう言ってほしかった。おれはあのとき田んぼで作業していたんだから」と、驚き、悲しんだ。自らも放射性物質を浴びたのでは、と心配になったようだった。

「はっきりしないから伝えていなかったようなんですが」

「それでも可能性があるのなら教えてほしかった。こっちは必死に原因を探しているんだ」

筆者はこのとき、「この地域に基準超のコメが出た原因は、原発のがれき撤去の可能性がある」と記事にまとめようと考えていたのだが、同時に躊躇《ちゅうちょ》もしていた。記事は福島の人たちを悲しませるかもしれない。原因がはっきりするまで待つという選択肢もある、と考えた。

その一方で、早く書かないといけないのでは、とも考えた。飛散防止対策のために延期されていた1号機のカバー撤去が、まさにこの月内に始まる予定だったからだ。

3号機のがれき撤去と突然の放射性物質の基準超の関連性があいまいなまま1号機の作業が進められた場合、放射性物質の飛散が起こって今回と同じ「高高警報」が鳴ったとき、すぐに住民に知らせるルールがない。

だからこそ、記事に書くことで安全管理が向上するきっかけにしてもらえるのではないか、と考えたのだ。鮫島浩デスクも「調査中にしろ、農水省が東電に指摘し、いままさに作業が止まっているということ自体がニュースじゃないか」と後押ししてくれた。

絶望的なつぶやき

この直後の2014年7月14日、「福島第一原発のがれき粉塵が南相馬のコメを汚染した可能性があるとして、農水省が東電に再発防止を要請した」とのニュースが、朝日新聞を皮切りにNHKや読売新聞、地元紙などで一斉に報じられた。地元はたちまち騒ぎになった。

「あの時期に家庭菜園で野菜をつくっていろいろ食べていたけれども、内部被曝をしたんじゃないだろうか」

「どうして情報が公開されないんだ」

その当時の被曝量も話題になった。旧太田村よりもさらに南側の避難指示区域で農作業をした男性は、避難指示が解除されたら自宅に戻ろうと思っていたが、「被曝量が高かったから帰るのが難しくなった」と周囲に話していた。

各報道で状況が明らかになったことを受けて、同月18日に南相馬市の農協で説明会が開かれた。農水省の鈴木良典穀物課長のほか、東電の現地社員らも出席した。地元側は、桜井勝延《かつのぶ》南相馬市長や地域農業再生協議会の委員となっている農業関係者。ぴりぴりした雰囲気だった。テレビカメラや記者が詰めかけた。

地元の人たちの怒りと要求は、主に東電に向かった。

「昨年の8月19日は、避難区域内で作業に入っているんですよ。約200人が作業を始めた。実際に測ったら被曝量が上がってるんですよ。何かあったら伝えてほしい」

「飛散があるのに報道しないというのは、福島第一原発事故のときと同じですよね。何か起こったときには警報やサイレンを出して危険性をアピールしてほしい。みんな不安の中で住むか、戻るかしている。明日にでもシステムをつくってほしい」

その次の日から避難指示区域に長期宿泊できるようになる措置が始まる予定だった。それもあり、再発防止と通報システムの整備を求める声が上がった。

「通報ルールについては検討したい」と答えるに留まる東電社員に対し、出席者から質問が飛んだ。

「セシウムは今日も飛散しているんですか」

「通常時において、1時間に1000万ベクレルは出ていると報告させていただいています」

え？　と会場が静かになった。桜井市長が念を押すように尋ねた。

「毎日出ているんですね？」

「はい」

会場がざわついた。事故から3年以上も経って、まだ大量に放出し続けているとは思っていなかったのだ。挙手によらない発言が相次いだ。

「出っ放しか」

「どこに出ているか知りたい」

東電社員が答えた。

「原子炉建屋上部から出ています。がれきからです」

地元農業関係者の表情は、たちまち怒りと困惑が混じったものになった。

地元の組合長から強い要望が上がった。

「憤《いきどお》りを超えて、どう農家の組合の人たちに説明し、理解いただくか苦慮しています。農家が再生産ができて、元の姿に戻って、最低限の生活ができることを求めています」

とは言いながらも、地元農業関係者たちからは、「廃炉までずっと、この飛散リスクと向き合わないとならないのか」との絶望的なつぶやきが漏れた。これが本音だろう。

事態の発覚を受けて、自治体、農協は農水省や東電に対策を要請した。福島第一原発1号機のカバー撤去作業は3ヵ月延期され、東電は安全対策の強化に乗り出した。

原子炉建屋の最上階に放射性物質の濃度を検知するダストモニタが設けられ、県内各地にもモニタリングポストが増設された。トラブル発生のときにはラジオや広報車で住民に知らせるルールを設けた。さらに、「毎日夕方に、翌日の作業内容をホームページで公開する。金曜日に翌週の作業日程を知らせる」「なるべくリアルタイムで線量を公開する」という改善点も示した。

飛ばないように対策を強化するのであれば、全体をコンテナで囲う方法がある。巨大なシェルターで覆ったチェルノブイリ原発4号機のようにするイメージだ。東京大学の児玉龍彦教授は、筆者の取材に対し、「政府の責任で排出しない体制をつくらなければならない。早くドームで覆うべきだ」と主張したが、東電は「かつて検討しましたが、コストがかかるうえ、全体の作業が5年以上遅れる」などとして、こうした案は実現しなかった。

それでも、少なくともこれまでよりは、住民が安心できる態勢にはなりつつある。後は、原因を明らかにするための調査が進んでいくのだろう、と筆者は思った。

ところが、事態は真逆に進んだ。

原子力規制委がリスクを矮小化？

２０１３年８月19日に、いったいどれぐらい放射性物質が出ていたのか。

東電は、当初は４時間で計４兆ベクレル、南相馬市には放射性セシウムが最大で１平方メートルあたり４００ベクレル沈着したと見積もり、農水省に報告していた。東電が公表している平均放出量は１時間１０００万ベクレル。１時間あたりでは、ふだんの10万倍だった。

この放出量は、第一原発構内のダストモニタとモニタリングポストの測定値、双葉町と浪江町役場のモニタリングポストの線量データの４つの実測値から計算したものだった。

しかし、２０１４年７月14日に報道で事態が明るみに出た途端、その放出量が次々と小さくなっていった。

２０１４年７月23日の原子力規制委員会の検討会で、東電は、放出量は１兆１２００億ベクレルとの別の推定値を報告。更田《ふけた》豊志《とよし》委員が「保守的（多め）に見積もってこういう評価か」と発言。東電が規制委の求めで飛散量を再再計算し、８月の検討会で一ケタ少ない「最大２６００億ベクレル」と報告した。さらに、規制委はその数値さえも独自に計算し直し、10月31日の検討会では「１１００億ベクレル」とする推計を公表した。飛散量は、当初の推定値の36分の１にされた。

規制委が出し直した値は、福島第一原発敷地境界の実測値しか計算に入れていなかった。この9月から規制委の委員長代理（のち17年9月より委員長）となった更田氏は、「評価してみないと難しいですけれども、有意な影響はおそらく原発敷地内に留まる程度の量だと思う。どういうふうに飛散したか、なかなか難しい。粒径が押さえられているのであれば推測できるのでしょうが、なかなか難しい」と「難しい」を繰り返した。

これに対し、福島大学大学院の渡邉明名誉教授・特任教授が発言した。渡邉教授は気象学が専門だ。

「どういうものが飛散したのか。きちんと考えていただきたい」

ほかの委員からも、「もっと詳しくシミュレーションしてほしい」と声が上がったが、更田氏は述べた。

「申し上げたいことは二つ。一つ目は（原発で溶けた燃料の）取り出しを急ぐこと、二つ目はリスクを高く見積もると福島の解決に大きな障壁となる」

規制委の任務は原子力利用における安全確保。専門的知見に基づき中立公正な立場と定めている。筆者は、「福島の解決のためにリスクを高く見積もると障壁になる」と言うのは、科学的な立場からずいぶん遠いのではないかと違和感を覚えた。「危険かもしれないが安全と伝える」のと、「安全かもしれないが危険の可能性があると伝える」のと、住民はどちらを望むのだろうか。一概には言えないが、少なくとも今回の飛散の現場を歩いて聞いた限りでは、後者の意見しか聞かなかった。

　更田氏の発言は続いた。

「福島第一原発が起因とは考えにくいと申し上げました。周辺から何らかの、風向、地下水、河川、さまざまな経路が考えられると思います。第一原発外の移行については、この場だけで議論できるものではないと思います。今後とも重要な課題と思いますが、福島第一原発が起源というのを過剰に疑ってしまうと本当の起源を見失ってしまうと考えます」

　はたして農水省の資料をきちんと見ているのだろうか。同省の調査資料には、河川の影響を疑い、ポット栽培で川の用水と水道水とを比較したところ有意差がなく、「用水の影響は確認されていない」と明記してある。

　渡邉教授が発言した。苦笑しているように見えた。

「現段階の理解で申し上げたいのですが、移行から入っていくとコメの表面にはつかないんですね。原因物質は福島第一原発にあるわけで。もしそういうことでお話しになると、マスコミにも誤解を与えるので。総合的には第一原発の責任と思っています。ただ8月19日の一日だけの飛散かどうかというのは、おっしゃった通りかと思います」

　汚染された水を吸ったことが原因であれば、コメの表面には付着しない。だから吸い上げたわけではない、ということは農水省も調べていた。渡邉教授の指摘は、それと同時に、飛散は8月19日の一日だけではなく、その前にも飛散があったのではないか、というものだった。

そもそも飛散の原因は、東電が飛散防止剤をきちんと散布しなかったことにあった。

東電は原液を薄めて100倍希釈としたうえで、一度撒けば効果がずっと持続すると思い込み、新たな工程に入る前に撒くだけにしていたという。2013年夏当時は、3号機に6月中旬と8月13日の計2回、散布しただけだった。

この問題については筆者も取材し、第一原発で使われていた防止剤メーカーに当たっていた。対応してくれた男性は、「原液なら固まって飛散防止になるが、100倍に薄めたら水と同じだ。乾いたら飛んでしまう」と怒っていた。

東電は飛散問題発生後、防止剤を濃くし、作業の前後に頻繁に撒くようにしたという。

更田氏は答えた。

「福島第一原発起源なのは間違いないですが、過剰に危険と捉えるのはよろしくないと考えています。いまも福島第一が放射性物質を撒き続けているというのを過剰に懸念してしまうのは、それに苛《さいな》まれている人を新たに生んでしまう」

原発からの放出が続いているのは事実で、東電が中長期ロードマップで定期的に公表している。いったいどこからどこまでが過剰で、何が適正なのか。

午前10時にスタートした10月31日の検討会は、予定を1時間超過して午後1時過ぎに終わった。

その後、規制委は当初見積もりの36分の1の推計値を元に、各地にどれぐらいセシウムが降下したか計算し、11月26日の規制委で発表した。冒頭、原子力規制庁職員が「内閣府原子力被災者生活支援チームから検討の要望があったため算出した」と説明した。この「内閣府原子力被災者生活支援チーム」は、避難指示解除についての住民懇談会でも登場したが、この後、非常に重要な意味を持ってくる。覚えておいていただきたい。

規制委の計算結果は、実際に双葉町、浪江町、南相馬市の計5ヵ所で測定されたセシウムの値の0・4～16％と極端に小さかった。たとえば、原発から3キロメートル離れた双葉町の8月の降下量は1平方メートルあたり3万4000ベクレルだが、規制委の計算値では144ベクレルにすぎなかった。

田中俊一規制委員長（当時）は、計算した結果では、コメの汚染が検出された地点では飛散の影響によるセシウムの値は12～30ベクレルとわずかになるとして、コメ汚染について「がれき撤去によるものと流布されていましたが、ほぼないということが確実」と会見で発言した。

普段よりも高濃度のセシウムが福島第一原発から北北西の各地に降下したのは紛《まぎ》れもない事実だ。原発で飛散が起きた時期に風下の北北西の10ヵ所以上の地域で一斉にセシウム濃度が高くなった。規制委の計算では原発からの飛散量は少ないので風下のセシウム上昇とは関係ない、ということになる。偶然、同時期に起きたということだろうか。

事態の収拾を図る側の経産官僚の男性でさえ、「実測値と規制委の推計結果に大きな乖《かい》離《り》がある。あれで問題ないとは科学的に言えないだろう」とつぶやいた。桜井南相馬市長など地元関係者たちからは、「とうてい納得できない」「実測値を使っていない」という声が次々に上がった。

「なかったこと」にしてはならない

規制委の発表後、「科学的におかしい」という研究者の批判が相次いだ。規制委の結果では、当時観測された浪江町役場など5ヵ所のモニタリングポストの線量上昇や各地の放射性物質の降下量、東大や京大の研究グループが南相馬市や宮城県丸森町で測定してきた実測値が示す事象を何一つ説明できない。

理化学研究所所属の牧野淳一郎氏（当時。現在は神戸大学教授）は「科学」（岩波書店）２０１５年１月号で「計算にあわない現実は無視するという理解しがたい非科学的な主張。原子力行政というものが安全性確保に関してまったく機能していない」と指摘。翌16年1月の浪江町避難指示解除に関する有識者検証委員会では、児玉龍彦東大教授が「がれき撤去による飛散でコメが汚染された。南相馬で農作業、浪江で一時帰宅していた人たちには知らされなかった。住民を守る責務は規制庁にある。国の責任者は誰か。住民の国への信頼がない中、住民の帰還は進まない」と批判している。

観測を続けてきた国際研究チーム（日欧米の研究者11人）代表の小泉昭夫京都大学大学院医学研究科教授は、国際学会誌に科学的な審査を受けたうえで2015年12月に論文を掲載するという手段に出た。学会誌は「Environmental Science & Technology」。粉塵飛散の状況をコンピュータで再現し、解析システムで南相馬市方向に飛んだ放射性セシウムの放出量を飛散粒子の大きさや実測値から推計したところ、規制委が推計した放出量の3・6倍以上という結論が出た。また、南相馬市内の粉塵測定器の値から、13年8月第3週にきわめて特異な放射性雲が到達したことを確認した。コメ汚染の原因は福島第一原発からの8月当時の飛散によるものと裏付けられるとした。

研究成果について聞くために、京大に小泉教授を訪ねた。

「なかったことにしてはならないんです。原子力規制委員会が学者たちの研究を否定するのならば、田中さん（田中俊一規制委員長）も、自分の見解を論文にして、国際学会誌の研究者による審査に通るかどうか、試してみたらいいんですよ」

科学者としての良心を感じた。

小泉教授らは、2016年1月に南相馬市内で報告集会を開いた。動画はYouTubeで公開されている。

官僚が明かす秘密の動き

ここまでであれば、規制委員会と農水省の責任の押し付け合い、省庁の壁という話で終わったかもしれない。だが、実際にはそんな単純な話ではなかった。

「あいまいにする。賠償を打ち切る。〝彼ら〟の筋書き通りです」

経緯に深くかかわった官僚が、そっと告げてきた。

報道の裏で何が行われていたのか。ここから書く内容を裏付ける記録は、情報公開請求では出てこなかった。ごく一部の会議の「打ち合わせ項目」として「状況・今後の方針」「汚染の原因について」などと列挙した紙が出てくるだけで、何があったのかはまったくわからない。日本は、こういう国だったのかと空恐ろしくなったが、大事なことは明らかにされないというなによりの証拠でもある。

＊

話は2013年、コメの汚染が見つかった年にさかのぼる。

前述の通り、10月に収穫されたコメに基準超の汚染が出たことで、農水省は、原因究明と再発防止を進める必要に迫られた。

その年の暮れ、農水省の職員たちは、原子力規制庁監視情報課に向かった。規制庁は規制委の事務局で、この課はモニタリングを担当する部署だった。

規制庁職員は言った。

「第一原発敷地内のモニタリングポストの値は特に高くなかったんですけれども、モニタリングポストは標高が低い。より高い標高では線量が高かったのではともいわれています。モニタリングポストで捉えきれていなかった可能性もあります」

がれきの撤去作業が行われていたのは原子炉建屋の最上階である5階。高いところで粉塵が発生して遠くに飛んだとしても、足元では捉えきれていなかった可能性がある、ということだった。

規制庁職員は続けた。

「敷地内から放射性物質が拡散し続けているのは事実ですが、『敷地外に影響を与えていない』というのが政府の公式見解なんです。拡散防止を経済産業省や東電に求めるとすると、第一原発から飛散したものであることを示す材料を集めることが必要だと思います」

年が明けた2014年1月、農水省は再び規制庁に情報提供の依頼に行った。応じた規制庁職員は言う。

「残念ながら、決定的なデータはない状況とはいえ、8月19日のがれき撤去が原因である蓋然性《がいぜん》は高いと考えています。東電が放出量をシミュレーションする中で、過小評価されずに適切にシミュレーションが行われるように、東電をしっかりハンドル（動きを握る）することが不可欠だと思います」

もっともだと考えた農水省職員たち。だがこの後、思いもよらない壁に直面する。

協力的だった規制庁の対応が一変したのである。1月中旬に田中俊一原子力規制委員長に説明したところ、強く否定してきたということが原因だった。規制庁職員は、

「委員長は、クロスコンタミ（混入）の可能性が高いのではないかと強く言っています。イメージングプレート画像は、クロスコンタミの典型例だ。今回の件は世間への影響が大きいと思われ、汚染メカニズムが解明されていない中で規制庁が関与すべきではない、と」

農水省職員たちはショックを受けた。コメの汚染が混入ではないと判断した決め手の一

つが、委員長が指摘したイメージングプレート画像そのものだったからだ。

混入なら玄米の表面だけに付くはずが、放射性物質はコメにも入り込んでいた。穂が出てくる8月に付着し、中に入り込んだ可能性が高いことを示す証拠だった。これがあったからこそ、規制庁に調査への協力依頼をしているのだ。それなのに、「イメージングプレートがクロスコンタミの典型例」と言う。混入については農水省のほうが専門である。まさか真逆なことを言ってくるとは……。

過去に浪江町や双葉町に置いてあった籾摺《もみす》り機から混入した事例があった。そこで農水省はガイドラインを策定。籾や玄米を機器に投入して一定時間運転し、ごみやほこりを付着させて取り除く「とも洗い」を徹底するよう促した。この努力の甲斐もあって、2013年からは混入事例はほとんど見られなくなった。

田中委員長の言葉は「農水省側が対策を怠ったために汚染が起きた」と言われたも同然で、農水省としてはとうてい受け入れることができないものだった。

「委員長に会って説明していただけますか?」と規制庁側に言われて承諾したものの、この後、規制庁側からは「委員長は時間が取れない」「クロスコンタミではないことは理解したので説明は必要ない」などと言われるようになり、規制庁はすっかり調査に消極的になってしまった。しまいには、「委員長の説得が必要」などと規制庁職員に言われる始末。

田中委員長が言うところの「世間への影響が大きい」とは何か。農水省職員は、はっきりさせない理由は帰還政策と再稼働を進めるためか、と受け止めた。

しかし、現に再汚染が起こっている。今後も起こるであろうという状況で、住民を原発に近い地元に戻すというのはどうなのか。懸命に稲の放射性物質の吸収をさまたげる肥料を撒いて、放射能低減対策をしてきた農家たちに何と言えばいいのか。

〝安全〟に誰も責任を持たない

2014年3月、農水省職員は今度は経産省資源エネルギー庁の会議室に向かった。東電の所管官庁だ。

原子力発電所事故収束対応室長らが対応し、エネ庁側は、「農水省の調査結果から考えると、昨年（2013年）8月の放射性物質の飛散しか（原因は）考えられないと思います」と、その可能性が高いことを認め、規制庁がコメに付いた原因を「わからない」としているのに驚いた様子だった。

「これから溶けた燃料を取り除く作業があります。4号機、1号機、2号機でもそれぞれ廃炉作業があります。完璧には飛散が抑えられない事象が今後出てくる可能性がありす。検証能力はこちらにはないのですけれども、第一原発から飛散したものが原因であれば、たいへん申し訳ない。今後、飛散防止対策を徹底したい」

エネ庁職員は、こうも述べた。

「チェルノブイリでも30年かかってシェルターをつくりましたが、それでも完全に封じ込めているわけではないです。福島第一は、燃料や溶け落ちた燃料が存在するというリスクに対処しないとならないのは理解していただきたい。飛散リスクは徐々に低減していくと思いますが、廃炉作業の過程で散発的に飛散することはあり得るかもしれません」

今後も飛散はあり得る、そして、これからは溶け落ちた燃料を処理するリスクにも覚悟しろ、と言う。

「第一原発が潮風にさらされ続けることによるリスクも考慮して、廃炉を速やかに進めることが必要なんです」

エネ庁職員の発言を耳にした農水省職員は、廃炉を早く進めるのが最優先か——と、落胆した。

また飛散するかもしれない、とエネ庁は言う。しかし農水省の立場は、「安全が確認できたので営農を再開しましょう」というものだ。その〝安全〟について、誰も責任を持とうとしていないように見えてしかたなかった。ただ、最後にエネ庁職員は付け加えた。

「この件は重く受け止めています。廃炉を進めていくための総合評価に、新たな要素が加わったものと認識しています。対応を検討します」

廃炉と安全……。こちらから言わなくても、安全を優先するのが当たり前ではないのか。農水省職員たちは、不安を覚えた。


農水省職員は同月、東電を霞が関の農水省に呼び、状況を聞いた。

東電社員は、がれき撤去とコメの汚染に関連がある可能性を認めた。

「コメの汚染源になった可能性はあります。南南東の風が安定して吹いていたことに加えて、がれき撤去が地上50メートル程度の高所で行われていることから、第一原発から拡散した可能性もあります」

さらに、東電は4月上旬に再び農水省で、「南相馬市原町区に約400ベクレル毎平方メートル程度降ったものと推定されます」と回答した。農水省は再発防止を要請したが、指導権限はない。農家を守るために、再び基準超を出さないための徹底的な対策をしてほしかったが、現状の再発防止策では心もとなかった。

農水省職員は4月下旬に再び規制庁に赴《おもむ》き、東電が推計した放出量を伝え、訴えた。

「今後もほうれん草などで基準値を超えることがあり得るので、再発防止が必要です」

「原発の敷地境界での規制値を超えていない限り、放出量をどれだけ低減させるかは東電の対応を関知する立場にありません」

「原発敷地外で影響が出ても、敷地境界が基準値以下であれば規制庁は何の問題もないということでしょうか」

「その通りです。東電がどう認識し、対策を講じるかの話です」

「規制庁は、原発からの放射性物質で基準超が出てもいいという認識ですか？」

「(原子炉建屋に流入する前の地下水を汲み上げ海に放出する) 地下水バイパスと同じですよ。安全な範囲で関係者がどれだけ放射性物質の放出を受容できるかは、東電の対応でしょう。東電の対応を管理する立場にはありません」

規制庁もきちんと向き合ってくれない。責任逃れのように思えてならなかった。

仕組まれた〝秘密会議〟

農水省職員が焦っていたところ、メディアから取材が入り報道された。これが、前述の2014年7月14日の〝コメ汚染〟のニュースになった。

これで少しは政府一丸となって原因を究明し、規制庁に東電に対策強化を強く指導してもらえるようになるのでは――。そう期待する農水省の職員もいたが、これもまた、大きく裏切られる結果になった。

動いたのは経産大臣と環境大臣がチーム長を務め、経産副大臣が事務局長を担う「内閣府原子力被災者生活支援チーム」。大半が経産省の出向者で構成し、福島県内の首長らと協議しながら避難指示の設定と解除を決める役割で、これまで避難指示解除を主導してきた。支援チームは、コメ汚染問題について様子見の姿勢だったが、報道の広がりを受けて事態の収拾に乗り出してきた。

報道から10日経った7月24日。資源エネルギー庁と農水省の職員が赤羽《あかば》一嘉《かずよし》経産副大臣（当時）に対し、経緯を説明した。赤羽副大臣は、生活支援チーム事務局長を務めていた。

162ページで見たように、前日の規制委の検討会で東電が「1兆1200億ベクレル」という放射性物質の放出量の推計値を報告した。この推計値に、赤羽氏は懸念を示した。

「東電が1兆ベクレルを超える放射性物質が放出されたと説明したと聞いた。事実としてはそのような水準の放出があるのかもしれないが、国民が聞いてもその意味をすぐには理解できない数値について言及するのはいかがなものか。いまだに多量の飛散が起こっているのではないか、と国民に受け止められ、無用な混乱を招く」

これを聞いた農水省職員は戸惑った。数値を出したのは農水省ではなく、東電だからだ。そしてこの場には東電も、東電を指導する立場の規制庁もいなかった。赤羽氏は続ける。

「東電は、不要な不安を引き起こすような説明の仕方は慎んでもらわなければならない」

すると、同席していたエネ庁職員が言った。

「本件について、原子力規制庁は及び腰ですが、少しずつではありますが、きちんと認識するようになってきたところです」

赤羽氏は言った。

「原子力規制庁に話をすることにしよう」

そして支援チームは、原子力規制庁、農水省を含めた〝秘密会議〟を招集したのである。

「原因不明」は再稼働のため

1週間後の2014年7月30日午前9時半。〝秘密会議〟が開かれた。場所は当時、支援チームが拠点を構えていた赤坂の三会堂ビル。復興庁、原子力規制庁、エネ庁、環境省、厚生労働省、農林水産省の幹部を復興庁の会議室に集めた。総勢12人。

会議は、支援チームが各省庁に対し、事前にどういう書類や資料を用意するか、管理職が出席できるのはいつか、など入念な日程調整と打ち合わせがされたうえで開催された。

このコメの汚染問題はテレビや新聞がこぞって取り上げた案件であったにもかかわらず、いっさい公開されることはなかった。

支援チーム側は、事務局長補佐である経済産業省総括審議官がトップとして出席した。東大法学部卒で通商政策局通商機構部長、資源エネルギー庁電力・ガス事業部長を歴任している。審議官は冒頭に述べた。

「今回の報道は、たまたまコメが注目を浴びていますが、たとえば帰還の問題にも波及する可能性があります。関係者間で今後の言いぶりや地元対応について共有を図りたく思います」

各省庁にあらかじめどの資料を用意するかを指示し、関係部署の管理職出席を求めたのはこういう意図だった。

原子力規制庁職員が報告した。

「空間線量や降下物が高い時期は（2013年）8月19日以外でも発生しています。気象条件によって影響を受けますが、上昇しても告示限度濃度を超えるものではありません」

環境省の職員は、飛散を捉えた京大大学院の小泉教授グループの研究に同省の予算が入っていることから、こう説明した。

「京大の先生が行っている研究は、食事や呼吸による被曝影響についてのもので、ダスト濃度の上昇原因やその由来を調査する目的ではありません。研究報告の中でも、昨年8月の濃度上昇ががれき撤去の可能性がある、としつつも住民への健康影響はないという結論で、当省としても妥当と考えています」

環境省は飛散を監視するために予算を出したのではありません、と弁明しているようだ。小泉教授は、住民に悪影響が生じないか調べる目的で粘り強く測定を続けていた。だからこそ、異変を捉えたのだ。

規制庁職員が発言した。

「規制委員長から、『がれき撤去と農産物の基準超の関係性は認められない』とされており、ほぼ関係ないと考えています。規制庁として、これ以上の調査や検討は必要ないと考えています。今後は飛散防止対策の徹底と監視強化しか対応のしようがないでしょう。今回の基準値超過は、コメの吸収メカニズムなどに要因があると思っています」

これに対し、農水省職員が詰め寄った。

「数々の状況証拠が示されている中で、がれき撤去による可能性はないと明確に説明できる決定的な証拠はあるんですか」

「1平方メートルあたり1ベクレルの降下物と仮定すれば、キロあたり2ベクレルの上昇要因にしかなりません」

そう答える規制庁職員に対し、農水省職員が言い返した。

「飛んできたものが必ずしも均一のものとは限らない。高濃度の粒子が付着すれば議論は単純にはいかないのではないでしょうか」

規制庁は仮定をベースに述べ、農水省は粉塵を詳細に調べないとわからないだろう、と主張した。福島第一原発構内のダストを研究機関に運ぶ手続きが難航しており、飛散との因果関係を探る本格的な調査はまだ始まってもいなかった。

ここで、内閣府原子力被災者生活支援チームの職員が言った。

「がれき撤去と基準値超過についてその要因を探すのではなく、『これだけのことを検討してきたが、がれき撤去が原因であるとの結論は得られなかった』とするような言い方はできないでしょうか。また、その説明ぶりを各省庁で共有できませんか」

驚くべきことだが、調査して要因を探すのではなく、「がれき撤去が原因であるとの結論は得られない」という口裏合わせをしよう、との提案だった。

規制庁職員は応じた。

「『原因が不明とする』という応答ぶりについては、メモの作成を検討させていただきます」

最後に生活支援チームの職員が言った。

「本日の意見交換での結論をまとめさせていただきます。がれき撤去と基準値超過の因果関係を『わからない』とする根拠を整理すること。モニタリング（監視）強化については、運用をしっかり考えること」

この時点で、コメの付着物と第一原発のダストの比較や、どういう粒子が飛んだかという本格調査はまだ行われていなかった。にもかかわらず、「わからないと結論づける根拠を整理する」と話が決まった。農水省職員が、「今回の打ち合わせについて、政務（大臣、副大臣、政務官）への説明はどうすればよろしいでしょうか」と問うと、生活支援チーム職員は、「関係省庁が集まり、課題や今後の対応方針について非公開で行ったということにしたらどうでしょう」と閉め、1時間半にわたった〝秘密会議〟は終わった。

「がれき撤去が原因ではないのか」という声はかき消され、「因果関係については不明とする」ということで整理された。端的に言えば、なかったことにする——ということだ。

ある官僚は「あいまいのまま、帰還政策を進める。政権の思惑通り」と憤った。

がれき撤去と基準値超過の因果関係がわからないとする根拠を整理する、〝秘密会議〟の結論は、先に見た原子力規制委員会の検討会で現実のものとなった。当初「4兆ベクレル」とされた放射性物質の放出量だったが、3回計算し直すたびに値が小さくなり、最終的には当初の36分の1となった。

規制委は、「生活支援チームから要望があった」として南相馬市への降下量を独自に算出。南相馬市への降下量はほんのわずかだったと推計。田中俊一委員長がコメの汚染とがれき撤去の関連性は「ほぼない」と断定することになったことは前述の通りである。

「経産副大臣が規制委に何か言ったとしたら、それは『身の程を知れ』ということになる」

原子力村のトップクラスを務めた〝あの人〟にこの件の見解を尋ねると、声を荒らげた。

経済産業省のもとに原発を「推進」する役割と「規制」する役割があったために規制が十分機能しなかったとして、原子力規制委員会は環境省の外局として設置された。しかし、コメの汚染問題において一連の経緯を見る限り、経産省が仕切る内閣府原子力被災者生活支援チームが、原子力規制委員会に対して「原発が原因か不明という証明をするように」と求め、それに従って規制委が放出量と降下量を出し直したように見える。本末転倒ではないだろうか。しかも、その証明の仕方は、「科学的と言えない」という指摘が専門家から複数上がっている。

地元の協力で測定、研究を続け、「がれき撤去が原因である」という論文を国際学会誌で発表した京大大学院の小泉教授が、「因果関係がないと言うなら、田中さん（田中俊一規制委員長）が査読付きの論文で科学的に証明するべきだ」と主張したことは先に見た通りだが、その後、田中氏がそのための論文を出したという話は聞かない。田中氏は、2017年9月に規制委員長を退任。18年2月1日に飯舘村復興アドバイザーに就任した。線量が高い地域の復興の助言を行うという。

農水省はその後も調査を続けたが、ほかの原因は見つからず、「原因は不明」とされたままだ。

原発周辺では順次、避難指示解除が進む。その後も人が戻っていない地域は多いが、その一方で、国が復興計画を次々打ち上げている。小泉教授は、こうも言った。

「復興のふりをして、（原発の）再稼働を進めたいのでしょう」

「東電を守る」という結論ありき

いったい、経産省はどのような論理で動いているのか。元経産省官僚の古賀茂明氏は指摘する。

「経産省には水面下や密室で相手を威圧し、説き伏せる手法を使う『介入派』という官僚たちがいる。『自分たちがいちばん頭がいい』と思っている人たちです」
〝秘密会議〟で主導権を握る。まさに介入派の手口ではないだろうか。

それにしても経産省の狙いは何なのか。ある官僚は筆者に、この〝秘密会議〟の狙いが、「避難指示解除を進め、賠償を打ち切り、東電を守るためだった」と打ち明けた。

がれき撤去が原因ではないということにすれば、避難指示の解除が順調に進められ、その1年後に賠償打ち切りとなる可能性が高い。

官僚が言う、「東電を守る」とはどういう意味か。

古賀氏は、支援チームにいた官僚から、「支援チームはとんでもないやつらです。あいつら、東電のことしか考えていない。『ここまでやったら東電が困るからダメ、ここまでだったらいい』と判断している」と聞いた、という。

古賀氏は、この〝秘密会議〟を仕切った経産省総括審議官と旧知の仲だった。2011年の原発事故後、古賀氏とこの審議官がエレベーターホールで鉢合わせしたことがあったという。古賀氏が、「とにかく早く東電を解体したほうがいいよ。エネルギー政策がめちゃくちゃになるよ」と言ったところ、「ちょっとこっちに来てください」と暗いところに連れ込まれ、「そんなこと口が裂けても言っちゃダメです」と言われたという。

なぜ、そこまでして経産省がかばうのか。原発を推進してきたという〝同族意識〟だけとは思えない。古賀氏に尋ねたところ、予想もしない言葉が返ってきた。

「原子力損害賠償法ですよ」

原子力損害賠償法は、「異常に巨大な天災地変」を除き、原子力事業者が賠償責任を負うと定めている。原発事故後、経団連会長や、東電側が「この免責事項に当たる」と主張し、批判されていた。後に東電は、自ら賠償する方針へと転換した。ここに関係している、というのだ。古賀氏は続ける。

「免責を使われると、安全対策を怠りながらも原発を推進してきた経産省の責任が問われ、賠償問題が国に降りかかる。経産省が東電会長に『経産省が東電を守るので、免責事項に当たると言わないように』と約束したと聞いた」

東電を守るための密約。それは、「経産省が事故の賠償責任を回避するための密約」ということだった。

「効果が限定的」と指摘されている凍土壁事業を続ける理由も、東電をかばうためだと古賀氏は言う。

「汚染水はアリバイ的に対策をしないとならないが、東電の負担にできない。『これは壮大な実験なので、政府がお金を出すんです』という理由をつくったということです。だから、効果がないと言われながらも国税で事業が続けられている」

事故後、東電を破綻《はたん》処理し、すべてを賠償に充てるべきとの意見もあった。しかし政府は、賠償させるためとして、東電の存続を決めた。その代わり経産省は、東電がつぶれないようにかばう。

その論理であれば、これまでの不可解な一連の動きが腑《ふ》に落ちる気がした。東電の賠償金の一部は、全国（沖縄を除く）の電気料金に上乗せして賄《まかな》われてきた。さらに2016年に経産省は、賠償金想定額を従来の5・4兆円から7・9兆円に増やした。増加分は、新たに電気代に上乗せされる国民負担2・4兆円を含む。新たな負担は原発と関係のない「新電力」まで含めて送電線の使用料（託送料金）に転嫁し、20年度から約40年間、毎年600億円ずつ集める。しわ寄せはいつも国民に来る。

住民不在の帰還

帰還ありきの全体主義だ、と筆者にメールをくれたその官僚は、嫌気が差したように振り返る。結局、帰還政策を進めようとする政権の筋書き通りに「うやむや」になった。これで誰も責任を取らない――。

2018年になっても、「がれき撤去が原因だったのに政府がうやむやにした」と南相馬市や浪江町の複数の住民から聞いた。原発で飛散があったときに風下で高濃度のセシウムが検出された理由を政府が不明なままにしたために、人々には根強い不信感が残っている。不信感の助長。それこそ政府が最もしてはならないことだったのではないだろうか。政府は「復興」の名の下に避難指示区域の解除を進める。住民の立場に立って考えてほしいと思うが、霞が関や赤坂のビルの中から、福島の住民のことを「我がこと」として考えるのは難しいのかもしれない。霞が関は、東大をはじめ有名大学を出ている人たちが仕切っている。この官僚は、「(それに疑問を持つ) 自分は少数派だ」と自覚している。

首長は避難指示の解除を求めるが、住民はほとんど戻らない。

家に戻りたい人たちもいる。しかし健康影響がわからず、廃炉が進まない中では戻れないという人たちもいる。今後の放出のリスクをどこまで引き受けられるか、被曝のリスクをどこまで引き受けられるかという判断は、すべて自己責任になる。

賠償は打ち切られる。原発事故避難者用につくられた復興公営住宅に入居した人や多くの自主避難者が避難者数から除外され、数字の上では避難者数そのものが急速に減っている。避難指示区域が解除されると、避難者は「強制避難者」から「自主避難者」へと呼び名が変わり、それればかりか、「帰らないわがままな人たち」とレッテルを貼られるようになる。

「避難者を支援しよう」という言葉すら、言えなくなる日も近いかもしれない。

第５章　「原発いじめ」の真相

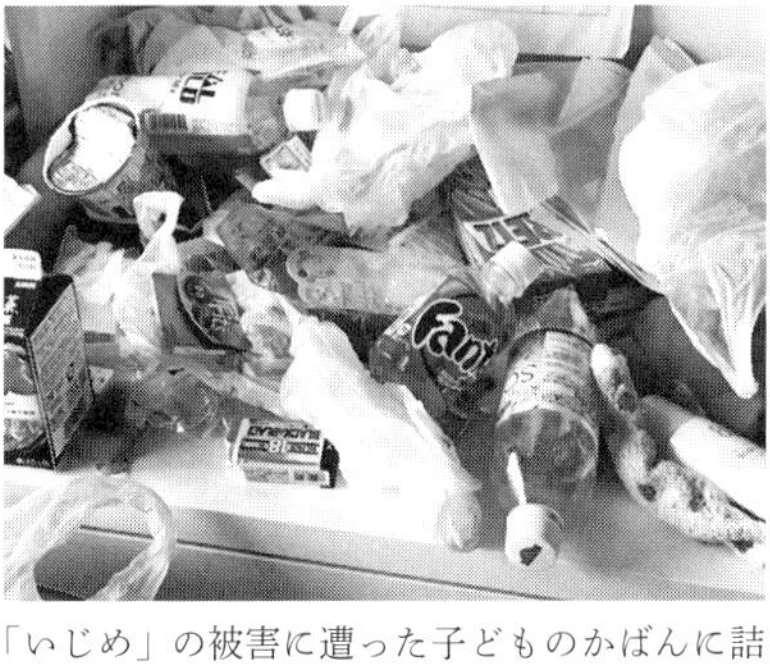

「いじめ」の被害に遭った子どものかばんに詰め込まれた大量のごみ

避難家族を襲った異変

東京・千代田区内の集合住宅の一室。食卓に湯気の立った鯖の塩焼きとごはん、キュウリとちくわの和《あ》えもの、温泉卵が並ぶ。デザートは、母親手づくりのシフォンケーキ。母親と中学生の子どもとの話題は、学校や塾のこと、先生や友達の最近の様子。話を聞きながら一緒にごはんを食べる。

一見したところ、ありふれた普通の家庭の食卓のようだ。だが、平日にはいつも父親の姿がない。彼女たちは原発事故の避難者で、父親は福島に残って働いているからだ。父親は土曜の夜に来て、日曜日に再び戻る。顧客が福島にいるため東京に移転するわけにいかず、2011年の原発事故からもう7年、二重生活を送っている。

事故前の生活にはほど遠いが、避難当初よりはだいぶよくなった。

当初、避難先として提供されたのは、老朽化で使われていなかった集合住宅の一室だった。避難してきて家具が何もなかったので、畳の上に大きな段ボール箱を二つ並べてテーブルにし、小さな段ボール箱をイスにして座っていた。子どもの勉強机も段ボールで、その上で漢字の書き取りや宿題をしていた。

母親は、避難当初のこの部屋で撮った写真を大事に保存している。避難生活を始めて1ヵ月経ったころ携帯電話で撮影したものだ。写真には段ボールのテーブルの上にイチゴのジャムを塗ったトーストをのせた皿が2枚、写っている。

「お母さん、きょう誕生日だよ」

子どもに言われて初めて自分の誕生日だと気づき、あわててセットした「ごちそう」だった。真ん中には、スーパーで買ったチョコブラウニーを切って並べた。

避難当初は、母親自身も混乱し、カレーをつくっても白飯を炊くのを忘れたり、日付感覚がなくなったりした。徐々に混乱を乗り越え、いまでは元通りに料理の腕を振るえるようになった。父親が東京に来るのは月に1、2度の時期もあったが、子どもを心配して毎週、来てくれるようになった。

「いってらっしゃい」

母親が玄関で送り出す。子どもが手を振るのを笑顔で見送る。

以前は、先に母親が家を出て出勤していた。しかし、子どもが学校に行きたがらなくなり、あることが発覚した。それから母親は子どもを送り出してから職場に行くようにスタイルを変えた。一年ほど前のことだった。

かばんの中はごみだらけ

「きょうは学校に行きたくない」

2016年秋ごろ、頻繁に子どもが言うようになった。それに加え、母親の財布から知らないうちにお札がなくなっていた。千円札だけではなく、一万円札も。おかしい――。11月21日月曜日。仕事が休みで、家には母親一人だった。午前11時前に子どもの部屋に入った。何が起きているのか確かめようと思った。

子どもの学校用サブバッグと、塾用のかばんがあった。子どもはしばらく使っておらず、部屋に置きっ放し。2つともパンパンに膨《ふく》らんで溢《あふ》れそうになっていた。おそるおそるジッパーをひいた。中には空きペットボトルやお菓子の空き箱が詰まっていた。すべてごみ。

母親は息を吞み、どうしていいかわからずに部屋の中を歩き回った。何でこんなことになっているのか。理解しようと試みたができなかった。

「こんなに汚くして」

イライラして、ごみをざっと子どもの机の上に全部出してみた。ファンタグレープ、ソーダ、リアルゴールド、プリッツやじゃがりこの空き箱。ブラックブラックガム……。小遣いで買える金額を超えていた。このごみの山と自分の子どもの姿が、どうしてもつながらない。

夕方、子どもが帰ってくるや、かばんと財布を取り上げた。財布にはレシートが30〜40枚詰まっている。一枚一枚見ていくと、同じものを2個買ったりしている。一万円札を出しておつりをもらった記録もあった。

「おまえは泥棒なので、警察に行きましょう」

そう言うと、子どもは「ごめんなさい」とうつむいて、泣きじゃくった。

「なぜこういうことをしたのか話しなさい」

泣いて、ごめんなさいと繰り返すばかりだった。

「ごめんなさいじゃわからない」

こりゃいかんぞ、と思い、福島にいる勤務時間中の夫に電話を入れた。

「わが家の一大事だからすぐに来て」

夫が到着するのは夜になる。事実を確認しようと、レシートを時系列に並べ、母親は自分のスケジュール帳を開いて、レシートの日時と照らし合わせていった。

「これは、いつ、何のとき?」

「このレシート、塾に行っている時間でしょ」

子どもは泣き続けながらも、合間にぽつりぽつりと打ち明け始めた。

「コンビニでジュースやお菓子を買って、と言われて」

「どうしてそんなことしたの」

「……買わないといじめられるから」

「ごみは」

「『持って帰るとお母さんに叱られるから』って持たされた」

泣いてひと言話す、また泣いてひと言話すで、情報を引き出すのに時間がかかった。

「どうしてそんなことになったの」

「避難者だと知っている人には口止めするためにおごらないと、と思った。お金で解決できるのなら、それでいいかなと」

ハッとした。避難者と広められたくないから口止め、という子どもの言葉の意味がよくわかった。小学校のときにもあったからだ。

「避難者いじめ」の背後にあるもの

母親は、原発事故の後も福島県内に留まろうとしたが、子どもを被曝させるのではないかという恐れから母子で東京に逃れてきた。だが小学生だった子どもは、転入したクラスで「福島さん」「放射能菌」と呼ばれていじめられた。ある日、子どもから聞かれた。

「ねえママ、中学生になったら死んじゃうの？」

母親はびっくりして、何があったのか聞いた。同級生が塾や受験の話をしていたときに、子どもが加わろうとして「何の話してるの？」と話しかけると、こう言われたという。

「あなたは関係ない。中学生になるまでにどうせ死んじゃうんでしょ。ママが言ってたもん。放射能を浴びているから、大きくなる前に死んじゃうって」

それを聞いた母親は驚き、「そんなわけないじゃない」と即座に否定した。わが子の同級生の母親がそんな話をしたことを心底悲しく思った。

いじめは、子どもの心を深く傷つけていた。

「やめて。いやー」

夜に絶叫するようになった。翌朝聞いても、本人は叫んだことを覚えていない。ほかにも数々の症状が現れた。便秘になり、頭痛や吐き気を訴え、寝付きが悪くなった。イライラして攻撃的になった。前は平気だったのに、薄暗いだけで嫌がるようになった。地下鉄のホームでも「怖い」と泣く。

心配した母親は、都内の病院で小児科の女性医師に診てもらうことにした。

担当した女性医師は、病院でこの母子の話を聞いた。２０１２年５月のことだった。かなり深刻なＰＴＳＤ（心的外傷後ストレス障害）だ。女性医師は、子どもの状況について感じた。

震災のショックに加えて避難者いじめを受けた影響もあり、心の問題が大きかったんだろう。本人は真面目で我慢強い。だからじっと溜め込んでしまっている。継続的に「どうして福島のやつらが来るんだ」と言われ、菌扱いされた。さらに、「被曝で中学生で死ぬ」と言われたことが、この子の心に深く突き刺さっているようだ……。

「本人が、『すぐ死んじゃうんじゃないか』『自分には未来がない』と思っていることが原因にあると思います」

女性医師はそう母親に告げ、その後は臨床心理士と一緒に対応することとした。

それ以降、母子は月一度の割合で通院している。心理士が子どものセラピーにあたり、女性医師が母親から継続的にいじめの状況について聞いた。女性医師は薬物療法によらず、話を聞いて心を解きほぐすことにした。体調不良への対応として、ニキビ治療や整腸の薬を出した。

子どもが小学４年生になったときのことだ。習い事に行き、レッスンが終わって着替えていると、同級生から「習い事の月謝って、税金から出てるの？」と言われたという。

この件を聞かされた女性医師は、「税金」という言葉からしてどう考えても親から出ていると思った。まるで、大人が避難者たちを「迷惑、やっかいだ」と考えているというようにも感じられる。避難者を「税金どろぼう」として扱っているのではないか。だとしたら、このいじめは、根底に大人の問題がある。

避難者の子どもたちは、2011年3月11日まで、ほかの子どもたちと同じようにゲームをしたり、テレビを見たりしていた。それなのに大人たちが、「避難している子どもと自分の子どもは、いつでも同じ立場になり得るのだ」と教えてこなかったということとなのではないか。誰もが一生の中で災害に直面し、被災者にならないという保証はない。今日、突然なるかもしれない。それなのに、大人たちはいたわりの気持ちや優しさの大切さを教えてこなかった。そういう風潮が原因なのかもしれない、そう女性医師は思った。

子どもは、母親と遠地療養した結果、1年ほどで回復した。だが女性医師は、その後も経過観察として隔月で通院を続けてもらうことにした。

中学で再び直面した「いじめ」

こうして平穏を取り戻したかに見えた母子だったが、中学に進学して再びいじめに直面した。母親は大きなショックを受けた。避難者であることは、ようやくごく限られた人しか知らない事実になった。もうすっかり落ち着いた、と思っていたのに……。

子どもは、中学で何があったかを説明し始めた。何かの拍子に父親の話になった。そのとき、同じ小学校出身の子が、「この子は避難してきたから、お父さんいないんだよ」とふと漏らしたことがきっかけで、「避難民」と言われるようになったという。

「男子生徒がすれ違いざまに『避難民』と言ってくるようになった」

「避難者だから貧乏なんだろう、と言われるのが嫌だった」

「教科書を捨てられることもあった。教科書が4冊、ノート10冊がなくなった。その教科書を自分で買うためにもお母さんの財布のお金を使ってた」

と、ぼそぼそと打ち明けた。母親はすぐに学校に電話をした。

「うちの子が親の財布からお金を抜くようになってしまいました。ゆすりたかりを受けているみたいなんですけど」


翌11月22日、母親が学校に行って事情を説明したところ、「調査します」と言われた。

それから8日経った11月30日、学校から母親に電話があった。

「調査をして、周りの子たち十数人から聞きました。確かに、ごちそうしてもらった生徒もいましたが、避難者ということではなく、単にごちそうしてもらったという認識だそうです。中学生ですから、自分に都合のいいことを言っている可能性はあります。教科書は捨てられていることはわかりましたが、誰が捨てたのかはわかりませんでした。お母さん、どうしたいですか」

「もう、こんなことがないようにお願いします」

そう言ったはいいが、その後、調査が続いている様子はなかった。おかしい。母親は、友人にどうしたらいいか相談した。後日、母親はその友人から「記者に会わないか」と言われた。それが筆者だった。

見えない学校

12月5日夜、千代田区内の喫茶店の個室で母親と会った。身だしなみの整った人で、丁寧に頭を下げる姿が印象的だった。

原発事故以来、避難者への「いじめ」は取材の現場で数多く聞いてきた。「駐車しておいた車がパンクさせられた」という嫌がらせから、「結婚が破談になった」というやりきれないケース、そして、学校でのいじめ。

11月初旬、自主避難者の横浜市の中学1年生の男子生徒が、「賠償金あるんだろ」とおごらされるいじめに遭《あ》い、不登校になっていたことが表面化した。被害総額約150万円とされながら金銭授受はいじめと認定されず、事態は紛糾した。ようやくのことでのちに認められた。生徒の手記が公表され、反響が広がった。

〈いままでなんかいも死のうとおもった。でも、しんさいでいっぱい死んだからつらいけどぼくはいきるときめた〉

記事を見た筆者の旧知の女性から、「私も相談を受けているんです」と連絡が入り、筆者が母親に電話して会う時間をつくってもらうことになったのだった。

「できればお子さんにもお会いできませんか」とお願いしたが、母親は一人で現れた。

「すみません、子どもに話してみたんですが、自分のことはお母さんに話してあるから、お母さんが話してきて、と言われて」と申し訳なさそうに頭を下げる。

母親から、避難からこれまでの詳しい経緯を聞いた。ひどい話だと思った。中でも学校側の対応が気になった。

「避難者いじめ」に限らず、学校側がいじめの対応に及び腰で深刻化した事例をこれまで多く見てきた。

「子どもの願いは、避難者とわからないように学校を卒業することなんです。私ももう、避難者という目で見られたくない。小学校で『避難して困っているでしょう』と古着をたくさん用意されたことがあるんですけど、もう着られないようなものもあったんです。避難者に与えるなら何でもいいと見られているような……。私だって、福島ではそこそこの生活をしていたんですよ」

千代田区に避難したこの母親は、悲しそうに言った。段ボール箱のテーブルで暮らした日々が脳裏をよぎったのかもしれない。

母親のスマホが鳴った。話の途中だったためか、筆者に頭を下げて電話に出た。

「はい。そちらから先生に連絡を取っていただく分には構いません」

やりとりは短かった。電話を切った母親は、筆者のほうに向き直って言った。

「学校からでした。子どもが通っている病院の医師にも話を聞きたい、ということでした。それより、いじめ調査がどうなっているのかを知りたいのですけれど」

戸惑っていた。調査の現状の説明がないことを気にしていた。

「できれば学校側に取材をしたいのですが、いかがでしょうか」

親は、毎日学校に子どもを預けている状況だ。いじめについて私に相談してきても、いざとなると「学校には言わないでほしい」と言う親もいる。親にとっては難しい判断であることはわかる。だから無理強いしないように、きちんと確認した。

母親はしばらく考えて、答えた。

「いいですよ。なかったことにされていては、たいへんだと思っています」

母親は、いじめの調査が続いているのか、学校に対し不信感を抱いているようだった。

「虚言癖」のレッテルを貼る教育委員会

翌日、筆者が学校に電話すると、電話に出た副校長から「対応は区教委に一本化している」と言われた。そこで、千代田区の教育委員会にアポを入れた。

千代田区九段南、地上23階建ての高層ビル内に千代田区教育委員会はある。通された会議室では女性職員と男性職員が並んで座り、向かいに筆者が座った。受け取った女性の名刺には「統括指導主事」とあった。指導主事は専門的教育職員で、「教育課程、学習指導、その他学校教育に関する専門的事項について教養と経験がある者でなければならない」と定められている。選考は教育長が行う（教育公務員特例法）。そのとりまとめが統括指導主事だ。

女性指導主事の隣で、男性はノートを開いてメモを取り始めた。どうやら書記役として同席したようだった。

筆者は、「記録のために録《と》らせていただきます」と指導主事に断ってテーブルの中央にボイスレコーダーを置いた。

「中学校で避難者のいじめの調査に入った件について、教えてください」

「調査している事例はあるか。対応している事案はあります。たぶんこの家庭です」

「この家庭」の前に、この母子の家庭を示す固有名詞を挙げ、続けた。

「子どもに〝虚言癖〟があって、PTSDの関係で医者にかかっている。かわいそうに。明らかに嘘を言うんです。だけど、『嘘を言わざるを得ない』子どもの心情をおもんぱかって。それを明らかにすると、学校にいられなくなってしまう。ですから、対応している事案があるというのはその件です」

責任ある立場の人から「虚言癖」と決めつける言葉が出たことに驚いた。しかも、原発事故のPTSDと結びつけている。PTSDの主な症状はフラッシュバックや不眠だ。虚言癖になるというのは、少なくとも筆者は聞いたことがない。

「虚言癖であれば、親御さんが知らないことはありますか？」

聞くと、指導主事は眉をひそめた。

「そこは難しいところです。どこまで言うべきか悩むところだと思いますけれども、お母さんは少しでも理解していると思います。病院に通わせていますから」

母親とのやりとりでは、わが子に虚言癖があると思っている様子は微塵《みじん》も感じ取れなかった。子どもに虚言癖があるのなら、記者の取材に応じるものだろうか。それに、長期間にわたって診てきた医師が親に確認しないはずはない。

「虚言癖で通院しているのなら、医師が親御さんに言わないはずないのでは」

「そうですね」

「虚言癖で、通院しているのですか？」

「いえ」

「何か証拠は」

「子どもたちの生活指導になりますから」

「生活指導の中で、虚言癖があったということですか？」

通院が虚言癖であることの根拠のように述べておきながら、突っ込むと「そうではない」とかわす。よほどはっきりした証拠がなければ、指導主事という責任ある立場ではなかなか「虚言癖」とは断言できないものではないか。

指導主事は言葉を濁《にご》し、テーブル上のボイスレコーダーとドアを指した。

「録音を止めるか、続けるか、どうしますか」

ボイスレコーダーを止めないのなら出て行け、という意味だと受け止めた。仕方なく、ボイスレコーダーをテーブルからよける。

すると、書記役で座っていた職員が自分のポケットから細長いものを取り出し、慣れない手つきでボタンを押した。なんとボイスレコーダーだった。筆者がテーブルの上ではっきりわかるようにして録音していたのに、書記役の職員はポケットに入れて黙って録音していたとは……。釈然としなかった。

指導主事は切り出した。

「嘘を言わざるを得ない、本人の心情をおもんぱかっているんです。明らかにすると、学校にいられなくなるかもしれない。本人の前でその生徒たちを呼んで確認することになる」

「別に、目の前で確認する必要はないと思いますけれども。おごった事実は『ない』と言うんですか？」

「本人が『おごってあげる』と言っておごったということです。生徒たちは、その子が避難者とは知らなかったと」

「知らなかった？」

「おごらされたという生徒に聞くと、(避難者とは)『言ってない』と言うんです。互いに言っていることが合わないんです」

よくある話だ。いじめた側は決まって、「いじっただけだ」「ふざけただけだ」と言う。

２０１１年10月、滋賀県大津市で中学２年生の男子生徒が、自殺の練習をさせられるなどして自ら命を絶った件でも、加害者側は「いじめではなく、遊びだった」と主張。学校と教育委員会がいじめと認めず対応が遅れたことが大きな社会問題になった。その反省を生かすべく、13年6月に「いじめ防止対策推進法」が議員立法で制定された。

気になるのは、指導主事がいじめた側の証言を全面的に信じているようにみえることだった。

「心が心配だから、母親も学校に対して『医師にぜひ連絡してください、医師と連携して支えてください』と言っています」

指導主事の言葉に、筆者は思わずメモを取る手を止めた。母親が言ったとされるいまの言葉は、先日、まさに筆者が聞いた言葉ではないだろうか。あのとき、取材中に母親のスマホが鳴った。電話に出た母親は、「そちらから連絡を取る分には構いません」と答えていた。

だが、指導主事の言いようだと、まるで母親が「精神的に問題がある子なので、医師と連携したケアを学校でやってください」と言ったかのようではないか。

「私、お母さんが学校から受けた電話を偶然、横で聞いていましたけれども、お母さんは『ぜひ連絡してください』とは言っていませんよ。『そちらから連絡を取る分には構いません』です」

「え？」

初めて指導主事が戸惑った表情を見せ、筆者の発言をメモするように書記役の職員のノートを指でさした。学校から正確な情報が入っていないのかもしれない。

「このお母さんは、どういうつもりでマスコミにそういう話をしているんでしょうか？」

「お答えする立場にないですが」

「お母さんが直接言ってきたら、対応を考えます」

指導主事の質問の意図がわからなかったが、どうやら母親が何らかの意図をもってマスコミに話を売り込んだと思い込んでいるようだ。

「千代田区教委には、避難者のいじめの話は一件もないという認識でいいのでしょうか？」

「はい、一件もありません」

即答だった。避難者いじめがあるとなると、横浜のようにマスコミに大騒ぎされる。それを恐れて、あえて「避難者のいじめはなかった」という態度を取っているのか。

取材を終え、確認のため母親に連絡した。母親と教育委員会の認識があまりに食い違っているからだ。

「教育委員会では、『お母さんが学校にぜひ医師と連携を取ってください』と言ったということになっています。私には、お母さんが『学校が連絡を取る分には構いません』と言ったように聞こえました」

「はい、もちろんです。青木さんの目の前で電話を受けて答えた通りです。……いったい、どうなっているんでしょうかね」

母親は気落ちしていた。母親と教育委員会の認識が異なる点はほかにもある。確認しなければならないと、母親と2日後に会う約束をした。

「マスコミに話すな」

都心の高層ビルの谷間。冷たい冬のビル風が吹いていたが、喫茶店で温かいカフェラテを買ってテラス席に座った。店内の席はすべて埋まっていた。

「その後、何かわかりましたでしょうか」

「学校では、いじめの調査は、もうしていないようです」

「どうしてですか」

言いづらかったが、言わざるを得ない。

「あの、どうやら、お子さんの言っていることを信じていないようで……」

母親は、傷ついた表情をした。

取材では、当事者にそれぞれ話を聞き、矛盾がある場合はなぜ相違があるのかを確かめることを繰り返す。事実らしきものにたどりつくまで、穴を掘り続けていくような感覚だ。確証が得られずに記事にできず、お蔵入りになることも多い。

「うちの子も、『校長先生はいじめたほうのことを信じていて、こっちの言うことを信じてくれてないみたい』って言っていました。いい先生もいるんですよ。子どもと仲良くしてくれていて。男の先生なんです。子どもがその先生に、たかられた話をしたときに、『すぐに教育委員会に言うべきだ』って主張してくれて……」

母親のスマホが鳴った。画面に表示された電話番号を見て、母親は筆者に目で合図を送ってから、電話に出た。

「……あ、はい。区教委の指導主事さんですか」

母親が、相手が名乗った肩書を繰り返す。電話越しに、2日前に筆者に対応した女性指導主事の声が漏れ聞こえてきた。

「必要があれば、教育委員会にもカウンセラーがいるので、対応を一緒にしていく用意があることをお伝えしようと思い、ご連絡しました」

母親は、少し間を置いてから答えた。

「被災した全世帯に電話しているんですか」

自分だけが狙《ねら》い撃《う》ちされているのではないかと確認したかったようだった。

「そうです。このところ、マスコミから取材が非常に増えている状況があります。きちんと裏付けに来られた方には、事実ではないとお話しすることによって書いていないという状況ですけれども、中には裏付けもしないで書くようなところもありますので、それについては検討しているところです。とはいえ、いちばん大事なのは子どもたちなので、もしも何かあるのでしたら必ず対応します」

マスコミにぺらぺら話すな、と言っているも同然だ。母親は尋ねた。

「いじめがあったら、どのような対応をしていただけるんでしょうか」

「重大事態が確定となったら、さまざまな調査をします」

前述の「いじめ防止対策推進法」では「生命、心身又は財産に重大な被害が生じた疑いがあると認めるとき」をいじめの重大事態の一つとしている。これに認定されたら調べる、とのことだった。母親は電話を切り、大きく息を吐いた。

「私が、マスコミにいろいろ事実ではないことを話している、と牽制《けんせい》するために電話してきたんですかね」

つらそうだった。母親がこの指導主事と話すのは初めてのことだった。彼女にとっては、子どもを預けている学校の、さらにその上にいる存在だ。しかも、自分自身が嘘を吹聴していると疑われている状態で。相当疲れただろうに、彼女は笑った。

「偶然、青木さんと一緒にいるときでよかったです」

強い人だと思った。

母親と別れた後、筆者は指導主事に電話した。子どもの教科書やノートが捨てられていた件について確認しておこうと思ったからだ。

「教科書が捨てられたという件ですけれども。学校としては確認できてないんでしょうか」

「はい。そういう話があったということは聞いております。ただ、突き詰めて聞き取りしているかというと、前、お話ししたような状況がありますので、それとこれ以上の聞き取りをすると、あったか、なかったかを含めて、そういうふうにすることを本人が望まないという、またお母様が、『子どもがそう望むなら』ということで、聞くのはやめているという状況です」

よどみのない回答だった。やりとりすればするほど、指導主事と母親の話には食い違いが増える一方だ。本人が「調べてほしくない」と言っているというのは初めて聞いた。

事実に近づくには、やはり当事者である子ども本人に会いたい。筆者は母親に連絡を取り、改めてお子さんと会わせてくれるようお願いした。

その夜、母親からショートメールが来た。

「子どもと話しました。守ってくれようとした先生と自分の名誉のため、これまでの話をしますとのことです」

当事者が語る「いじめの構造」

2日後の土曜日、母親は子どもを連れてきてくれた。ほかの人に聞かれないよう、そして子どもが緊張しないように、母子の住む集合住宅から近いカラオケボックスにした。子どもはまだあどけなさを残していた。目がくりっと大きく、母親に体を寄せるようにして現れた。2人の仲のよさが見て取れる。

しばらく雑談をし、それから、ゆっくり話しかけた。

「申し訳ないのだけれども、これまで何があったか、教えていただけないでしょうか」

子どもは隣にいる母親を見た。母親は子どもににっこり笑ってうなずき、話すように促した。小さな声でたどたどしく話し始めた。まず、避難当初の話からだった。

避難して、東京の小学校に転校して1週間ぐらいしてから、名前のあとに菌をつけられて、×××菌と呼ばれたり、「ホウシャノウ」って呼ばれました。避難してきた子は女の子が福島さん、男の子は福島君とも呼ばれていました。放射能イコール菌で、「菌は病気になって死ぬ」。それを毎日言われてたから、「死ぬのかなあ」って思っていました。「中学生になるまでに死んじゃうんじゃない？」みたいにからかわれもしました。それはそれでしょうがないかと思っていました。

中学校に入ってからは収まって、「たいへんだね」って言ってくれる子もいたんですけれども、昨年（２０１５年）の夏、プールが終わったあとに、男子に「福島から来たんだろ。今日の水着はどうしたんだよ」ってからかわれて。「福島から来たから、お金がない避難者だから持ってないだろ」って意味だと思うんですけど、そうしたら今度は「お金ない」っていじられるようになりました。

「お金ないわけじゃない」って言うと、さらに、「ウソつき」「こいつの言うこと、９割方ウソだから」と広められてしまいました。

いじめっ子たちが「あいつウソつきだから」と学校で言いふらしたというのだ。教育委員会の指導主事がいじめっ子たちの言うことを信じている様子があったこと、指導主事がこの子のことを「虚言癖」と言ったことが重なる。子どもは続けた。

「お金ない」って言われるのは、すごく嫌でした。親の話にまでいくんです。「避難している から、おまえの親は引きこもりだ」「働いてない」と。親のことを言われるのが嫌で……。

母親は「あきれた」と言って笑った。この家庭は共働きだ。「避難者が引きこもりで働いていない」という偏見があるのだろうか。子どもはさらに続ける。

お金がないことを否定すると、「お金持ってるんだったら、買え」となるんです。拒《こば》むと、

「学年中に避難者って広めるよ」
「それだけはやめて」
「じゃあ何か買ってよ」

と言われて。最初は学校帰りに、コンビニで１００円のドーナツを買わされました。断っていたんだけど、どんどん言葉が強くなってって、だんだん怒鳴り声で言われて。一回、「買えよ」って胸ぐらをつかまれたこともありました。初めは小遣いで買っていたんですけど、最近になってちょこちょこと買えって言われ、断り切れないことが多く

なって……。ゲーセン、コンビニにも行って。「塾があるから」って行くのを断ると、「じゃあ貧乏なんだね」とレッテルを貼られて、1週間、口をきいてもらえないこともありました。しょうがなく買って、そうしたら最終的に東京ドームとかゲーセンがあるところに連れて行かれて。親のこととか言われるのが嫌だったので、払いました。ゲーム代とか……。

たかり方がどんどんエスカレートしていった様子がわかる。

おごらせて、ごみを押しつける

母親は子どもに向かって強い口調で言った。
「あなたが弱いにも、ほどがあるからね」
原発事故の被害者の人たちはみな過酷な状況にあるが、自主避難の人たちは、避難先で周囲から「帰れるのに、帰らないの?」と言われ続けてきている。その中で、自らの判断で「帰りません」と言ってきた人たちだ。「人の意見に流されずに自分の意思で判断する人になってほしい」「強くあってほしい」という思いがあるのだろう。

「いくらぐらい、使ってましたか？」

「いくらだろ……」

母親が子どもの顔をのぞき込んだ。

「怒らないから。私、『弱いな』とは言ったけど、怒ってないでしょ？」

「……多いときには２０００円とか３０００円とかになっちゃって」

もっとあるな、と母親がつぶやく。筆者は続けて聞いた。

「かばんに詰め込まれていたごみは、どうしたんですか？」


おごった１００円ドーナツの包み紙を持って帰った子から、「ごみでコンビニでの買い食いがバレて、親に怒られた。あんたのせいだからね。責任取れ」と言われて、それから持ち帰るようになったんです。

ほかの子たちも「これ持って帰って」と言ってくるようになりました。断ってたんですが、「しょうがない」って。それからほぼ毎回のように「おまえ、ごみ持ち帰れ」となって。「これ持ってて」って、ごみを私に渡したまま帰っちゃったり。「あげるよ」ってごみをかばんに入れられちゃって。しょうがないから、私がほかのコンビニに行って捨てたり。

これで、かばんに詰め込まれていたごみの謎が解けた。子どもは「しょうがないから」という言葉を何度も繰り返す。母親がごみを見つけ、子どもと一緒に学校に話に行った。それを聞いた学校の対応はどうだったのか。筆者は聞いた。

「先生方におごりのことを話したときは、何て言われたんですか？」

私がいじめのことを話した仲のいい先生は「すぐに教育委員会に言うべきだ」と言ってくれたんですが、その8日後に校長先生と面談したら、「その子たちに聞いてみたら、あなたの想像した話のようにはしていませんと言っている」と。私のことを信じてくれていないみたいで。

校長先生が、「じゃあその子たちには軽く注意しておけばいいよね。どんなことがあったのか聞いておくから」って言って。「そうなのかな」と思って。面談して注意してくれるんだったらいいかな、と思ったら、ぜんぜん注意もしてなくて……。

母親は再び怒りが込み上げてきたようだった。気持ちはよくわかる。

いまは収まったのだろうか、と聞いたら、「いまはもうたかりはやんだ」と言う。学校から聞かれたので、やめたということだろう。いじめを認めていないということであれば、再発が心配されるところだ。

たかり以外にもいじめがあったと話していた。教科書を捨てられた話はどうなのか。

歴史とか4冊ぐらいがなくなりました。その前や後にもノートが10冊ぐらいどっかいってしまって。1冊は見つかったんですけど、美術室のすごい奥で、蜘蛛《くも》の巣が張ってるところがあって、一部だけ蜘蛛の巣がなくて、「どうしてだろう」と思って見たら、自分のノートがあって。中がぐちゃぐちゃになって、いたずらされてたり、ページがなかったり。

先生に言っても調べてくれてなくて。いまだに教科書とか出てきてないから、どこに行ったんだろうと思って……。

子どもなりの処世術

ひととおり聞き終わって、お礼を言った。今度は、こちらから学校の現状について話し、それに対してどう思うかを聞いてみなければならない。

「教育委員会に『調べないんですか』って聞いたら、『お子さんが望んでません』って言われました」

「えー？」

子どもは目を見開き、心底びっくりしたように声を上げる。

「その子たちは、あなたについて、避難者って知らなかったと言っているそうなんだけど？」

「そんなはずない。絶対知ってる。一人は同じ小学校だったし」

子どもは悲しそうに笑って、うつむいた。目が潤《うる》んでいるように見えた。

「小学校のときも別の子におごらされたことがあって、これで口止めできるのならそれでいいかなって……」

小学校のときのいじめの記憶が蘇《よみがえ》り、それにならったということなのだろう。お金を出して口止めをする。この子なりの処世術のつもりだったのかもしれない。母親は子どもの目を見て言った。

「あったことが『なかったこと』にされるのは絶対に間違っている。生まれてきたからには、人に流されずに、自分の存在をしっかり確立しないと」

しっかりしたお母さんだ。そして、子どももいま、母親任せにしないでいじめと向き合おうとしている。

「いじめ防止対策推進法」では、防止措置や早期発見を学校に義務づけ、いじめを「一定の人的関係にある他の児童等が行う心理的又は物理的な影響を与える行為であって、当該行為の対象となった児童等が心身の苦痛を感じているもの」と定義した。その子が心身の苦痛を訴えていれば、「それはいじめだ」ということだ。このケースは、まさしく定義に当てはまる事例だと思った。

このいじめについて事実関係をちゃんと確認しよう、と思った。学校には一度、取材を断られている。しかし、現場の状況を知りたい。

「お子さんと仲がいいという先生に、お話を聞けないでしょうか」

子どもに取材依頼を記した名刺を託し、先生に手渡ししてくれるようにお願いした。子どもは「はい」と言ってうなずいた。

帰り際、レジの前で、新海誠《しんかいまこと》監督のアニメ映画『君の名は。』の主題歌「前前前世」が流れていた。

「わー、この歌……」

「映画、友達と観に行ったんだもんね？」

母親の言葉に、子どもがうなずく。作品のファンとのことだった。映画は東日本大震災と関連していると噂されていた。事実、新海監督は震災後に甚大な被害が出た宮城県名取市閖上《ゆりあげ》を訪れて、「もしも自分が閖上のあなただったら」という発想で「入れ代わりの映画をつくろう」と思ったのが映画の出発点だと、2017年3月10日の「NEWS23」で明かしている。

母親はにっこり笑った。この日見た、いちばんの笑顔だった。

「いいよ、歌おうか」

つらい目に遭っても、信頼できる母親がいれば立ち向かえる——。その笑顔は筆者にそう伝えているように見えた。筆者は頭を下げて、カラオケ店をあとにした。

翌日昼、歩いている途中に筆者のスマホが鳴った。

「佐藤（仮名）と申しますが」

男性が名乗った。聞いていた子どもの仲のいい先生ではなく、中学校の校長の名字だった。

子どもが筆者の名刺を先生に渡し、その先生が名刺を校長に渡し、そして連絡が来たということだろう。少々落胆する気持ちもあったが、校長への取材は重要だ。

「お会いして、お話を伺いたいのですが」

その日の午後6時半を指定された。その後、校長から「区教委が同席する」と改めて連絡があった。

校長との対決

区教委の職員が来るのであれば、区教委が調査中断の理由として挙げていた「本人が望まない。母親も了承済み」ということについて改めて確認しよう。学校に行く前に、母親に確認した。仕事中だろうと考えて電話ではなくショートメールにした。

「お母さんが『調べなくていい』と言った事実はない、という理解でいいでしょうか」

「はい。被害があった以上、当然犯人を特定し、指導するものだと思っておりました。私たちの味方って本当に少ないんだなあと改めて感じ、落胆しました」

すぐに返事があり、スマホ画面に表示されたその文字を何度も読み返した。力になりたい、と湧き上がってくる気持ちは自制した。記者は事実を摑《つか》むのが仕事だ。母子から聞いたことをそのまま聞くのではなく、学校として何を摑んでいるか、現状はどうなっているのか、そしてどうするのか、この3点について確かめようと思った。

学校に着くと、副校長に校長室へ案内された。部屋の左端に先日話を聞いた指導主事の女性が座っている。その表情から感情の動きは読み取れない。出迎えた男性が笑みを浮かべながら名刺を出してきた。校長だった。

「記録のために録らせていただきます」

筆者がボイスレコーダーをテーブルの上に置くと、学校側もボイスレコーダーを出した。

まずは、学校として何を摑んでいるかだ。校長に聞き取りの結果の説明をお願いした。

おごってもらったという人は同級生3人。2人は結構な回数をおごってもらい、1人は1回おごってもらったということでした。

そのうち1人に「避難者って知ってた？」って聞いたら、「え、そうなんですか？」という反応だったんです。「被災した子だから、ネタにしておごってもらっていた」という意識はなかったのかなと。3人には、「おごってもらうってことは、まだ働いていないんだから、よくない関係かな」と話しました。

被害生徒は「うちがお金がないと思われるのがいちばんつらかった。そう言われないようにするためにおごってあげてた」って言うんです。単純に「おごらされた」ということでもないんだろうかなと。ただ、何度もおごってもらっている子たちも、おごってもらってるうちに「またおごって」という言い方をしているんです。

聞き取りでは、おごってもらった金額は合計1万円程度で、相手は3人。「おごって」と相手に言うのは、金品の要求をしているのと同じではないのか。

「中学生が同級生に日常的におごっているっていうのは、異常ですよね？　文科省が示しているいじめのカテゴリーには『金品をたかられる』とありますから、それに該当すると思います。おごってもらっていた3人のうち、避難者と知っていたのは何人ですか」

「難しいんです。そのうち小学校が一緒だった一人に言ったら、『え、そうなんですか』って返ってきたんですよ。だからすごく難しくて。どんだけ正確に知ってたかは、難しい。すごく強く意識していたわけではない」

出されたお茶を一口、飲んだ。

避難者としていじめたかどうか、実はほとんど聞けていないのでは。そこを突っ込むと、15人に聞き取りをした際に、大半には「避難者という言葉を知ってる？」程度の聞き取りしかしておらず、「そんなの別に知らない」「言葉も知らない」という回答だったことを明らかにした。聞けば、避難者であることが伝わってしまうのではという判断のようだった。ならば、いったい何がきっかけでおごらせるようになったのか。それについては「聞いていない」という。

「大事なところなので教えてください。学校は、『福島の避難者だからと何か言われておこらされた』ということを、本人もお母さんも言っていないという認識ですか？」

おっと、と、校長がお茶を持ち上げようとして、茶托《ちゃたく》を落としそうになった。隣にいた副校長が答えた。

「いや、違います。本人もお母さんも、『避難者のくせに』『お父さんがいなくなって困っている』と言われたと訴えています。訴えていますすよ。すれ違いざまにささやかれたり、『みんなにバラすよ』と言われたりと」

一つめ、本人も母親も「避難者としていじめられて、おごらされたと学校に訴えている」ということは、学校も母子も共通した事実だと確認できた。

学校は「いじめ」と認識していた！

次は、二つめ。「いま」どうなっているかだ。そして、「今後」どうするか。

「調査はどうなっているのでしょうか」

副校長が答えた。

「現段階では、聞き取りはストップさせました。『事実関係を追求するかはどうだ？』って本人に確認したら、本人はしてほしくない、と。要するに『自分がまた避難者、被災者と知られるのが嫌だ』ということなんです。お母様も『放っておいてほしい』と、『普通に生活がしたいんだ』と最初に来られたときからおっしゃったんですね。つらい立場で苦しい生活をされていたというのがあるのだと思うんですけれども」

やはり学校は、いじめの調査を中止していた。このままでは再開する見込みがない。学校は、「それを母子が望んだから」としているが、母子は中止を望んでおらず、中止していることすら知らされていなかった。母親が言ったのは、「もう避難者と言われたくない」であって、「もう調査しなくていい」ということではない。母親の言葉を利用して、学校側が「なかったことにしたい」という思惑を正当化しているように見えた。

「母親が『放っておいてほしい』のなら、私はここにいませんよね？」

「いやいやいやいやいや。まあ、すみません」

副校長は、慌てて手を横に振った。

学校側はあくまで、「母親が調査を望んでいない」というスタンスでいるつもりのようだ。この認識の齟齬《そご》がどうして生じているのか、確認したかった。

「避難者とわかってしまうので聞き取りしないでほしいというのは、本人やお母さんが言ったんですか？　学校側が『これ以上聞くと、避難者という前提で話を聞かなくちゃならないけどどうする？』と言ったんですか？」

校長が答えた。

「そこまでは言ってないかな。『食い違ってるけど、どうする?』って」

「実際には、何と言ったんですか?」

副校長が言った。

「実際に言った言葉を正確に伝えてほしい、ということですか?」

「記録を見て答えていただけないでしょうか」

筆者が言うと、

「言葉まで正確に記録はしてないと思うんだけれども……」

校長は「えーと」とつぶやきながら、副校長と手分けして、それぞれ分厚いファイルを開く。紙をめくる音が部屋に響く。校長室の壁掛け時計が音を刻む。

筆者が学校に来てから、もう1時間以上経っていた。沈黙を破って女性指導主事が口を挟《はさ》んだ。

「生徒は、この聞き取りを突き詰めてやってほしい、という意向なんですかね?」

「私は、代理人として来ているわけじゃないので」

答えると、再び沈黙が続いた。母親の携帯に直接電話をしているのだから、指導主事自身が確認するべきことだろう。

ようやく見つかったのか、校長はファイルの記録を見ながら話し始めた。

「『もっとはっきりさせようと思うと、福島の避難者であるとオープンにする必要が出てくるかもしれないけれど、オープンにしない形で釘《くぎ》を刺すということはできると思うよ。どうしたい？』と聞いたんですよね。もっと正確に言うと、『釘を刺すことはできるけれども、それでいいかな』という言い方ですね」

これでようやく、子どもの言う「軽く注意しておけばいいよねと言われた」との言葉と一致した。この記録が正確だとして、先生から「調査しない」ともはっきり言われていないため、子どもが「調査打ち切り」とは思っていなかったとしても当然だ。「本人が調査を望んでいない」という教育委員会や学校側の主張とはまるきり違う。

「本人と母親の訴えについて、学校としてはいじめの申告と捉えていますか？」

「難しいですが、端的に言えばいじめの申告ですね」

「いじめの申告を受けて調査した結果、『確認できなかった』ということか、『なかった』ということか、まだ調査中なのか、いずれでしょうか？」

校長はうーんとうなった。

「……それは難しいなあ。いじめというのが、『嫌だなあ』という思いを受けたということであるならば、それはいじめと認識している。調査して言い分は違うところはあるが、調査を続けるというよりは、指導を続けていくと」

「学校側としては、『本人が嫌だと思っているのならそれはいじめと思うが、本人たちが避難者ということが広まるかもしれないということで調査を望んでいないので、再発防止に努める』ということなのでしょうか？」

「そういうことです」

これで二つめと三つめについて確認できた。学校としては、「いじめ」と認識している。

教育を生業とする者の弁明

最後に、校長としてこの問題をどう考えているのかを確かめなければならない。

「校長としてどう受け止めていらっしゃるか、伺っていいでしょうか」

「子どもたちの中に、『福島から来た子だから』という意識はないと、私は思っているんですけれども」

「そのコメントですと、校長先生が被害を訴える本人の言うことを信用していない、ということになります。いじめがあったということに対しては、どう受け止めていらっしゃいますか」

「まあの、学校の中でいじめがあるということは残念なこと……まあ……まあ、うーん……そう言わざるを得ないですね（笑）。残念なこと。ただ嫌なことがあるというのは人間関係が成長していく段階ですから、いろんなことがあって当然だと思うんです。私は教員に、いじめであるかどうかが大事なのではなく、子ども同士の人間関係が何かあったときに、きちっと間に入って解決に導いてあげることが大事なんだ、と話しています。それと同じように、今回の件も残念なことではあるけれども、今後同じことがないように全力を尽くしていくと教員と話しているところです」

これで、記事にできるところまで裏付け取材は一段落した。もう2時間が過ぎていた。

もうひとつ、どうしても確認しなければならないことがある。「虚言癖」という言葉はどこから出たのかだ。指導主事が創作したとは思えなかった。誰かが指導主事に「あの子は虚言癖だ」と報告したはずだ。筆者は、校長のほうを向いた。

「本人が申告の中で、『虚言』を使っているというご認識はありませんか？」

校長は口角を上げげた。少し笑ったようにも見える。

「うーん……。どうなんだろう。それはわかりません。本人の虚言ということについてはわかりません。ただ、こうは思います。嘘を言わなければならないことがもしあるんだとしたら、それも含めて大きな震災の影響かもしれないとは思います。あくまでも学校としては、本人に寄り添いながら再発を防止する立場だと思います」

大震災の影響で嘘を言わざるを得なくなっているという認識は、指導主事が「かわいそうに。明らかに嘘を言うんです」と言った姿と重なった。校長がいま口にしたようなことを、もっと強めに誰かが指導主事に報告していたと考えるのが妥当だろう。

左端に座っていた指導主事のほうを向いた。

「あなたに前回伺った話と、ちょっと違うと思います」

「ん」

「本人には虚言癖があり、いじめの事実はなかったとおっしゃいましたが」

「うん」

「ちょっと違うと思います」

「うん」

「いいですか？　そういう認識で」

「はい、あの……」

「まだ否定しますか？」

「いえ。あの……そうですね。新しい定義によると、本人が嫌な思いをした場合はとにかくいじめとして調査をする。その中で確認できる事実と確認できないものがある。そのように受け止めております」

「はい。わかりました」

2013年のいじめ防止対策推進法の施行から3年以上経っている。3年過ぎても「新しい定義」と、指導主事は言う。学校の対応遅れを防止するため、いじめた子どもたちが「そんなつもりはない」と言っても、「子が心身の苦痛を感じているものがいじめ」というこの定義が現場で浸透していないということだ。

「長い時間、ありがとうございました」

お礼を言って夜の中学校をあとにした。夜空に月が昇っていた。

「避難者いじめ」は大人の責任

「避難者いじめ」の報道を担っていた社会部の岩田清隆デスクに連絡し、記事化に向けての作業にかかることになった。

前後して、子どもが通っている病院の女性医師に、母子に許可を得たうえで連絡をとった。虚言癖についての意見を求めた。

「教育委員会で『生徒に虚言癖があり、いじめはなかった』と言われたので、先生の意見をお伺いしたかったんです」

「突然のことで、ちょっとびっくりしてますが。あの子、不器用でとても嘘がつけるような子じゃないです。長いつきあいですけれども。ずっと苦しい思いをしてきて。あくまでも長年つきあっている医師としての感想ですが。なぜ教育委員会はそんなことを……」

驚いていた。

「虚言癖というのは〝癖〟なので、ぼろぼろ出てくるものです。私と心理士はまったく感じたことはない。真逆です。嘘とごまかしができない。嘘をつき慣れていない。いっさいごまかしのできない子。要領の悪い子です。〝教育〟という看板を掲げている人たちが『虚言癖』という対応をするのなら、絶望的な気分にさせられます」

そして、避難者いじめが起こる原因について指摘した。

「避難者いじめは、親の価値観を反映した結果だと思います。正しい知識をきちんと伝えないと。放射能はうつらない。汚染がないとわかっているから同じ教室にいるのでしょう。正しい知識を教えてこなかった大人の責任です」

記事は2016年12月13日夕刊に掲載した。

「中学でおごり要求　千代田区、福島からの避難者に
東京都千代田区の区立中学校で、原発事故のため福島県から自主避難している生徒が、同学年の3人に『おごってよ』などと言われ、お菓子など計約1万円分をおごっていたこ

とがわかった。本人と母親が学校に申告し、判明したという。校長は『学校でいじめがあったのは残念。再発防止に努める』としている」

区教委は事態を重く見て、第三者による調査をすることを決めた。

翌14日夕方、母子の代理人となった弁護士が都庁で記者会見を開いた。報道機関が10社以上参加した。母親がコメントを発表した。

〈なぜ、こんなに辛い思いをしなければならないのか。どれだけガマンして来たのだろうか。どんな思いで毎日を過ごしていたのか。私に必死に隠し続けたこれまでの出来事を知り、悲しみで胸が張り裂けるおもいです。

原発事故からもうすぐ6年。子どもは、人生の約半分の時間を避難先である東京で過ごし、もはや、福島の方言すら話すことはできません。ほかのお子さんと何ら変わらない、普通の子です。時々おどけてみたり冗談を言って私を笑わせたり、家庭内ではとても楽しい子ですが、学校の話はあまりしたがらない事が気掛かりではありました。

そんな折、横浜の件が報道され、新聞を目にした子どもが発した「避難者あるあるだね。少なからずこんなの誰でもされてること」という一言が今回の件が発覚する足掛かりとなりました。私たちは親として子を思い、必要だと思ったからこそ避難するという道を選びました。それが結果としてイジメにつながるとは本当に悲しいことです。

区域外避難なので、私たちに多額の賠償金はありません。福島に仕事を持つ夫を残し、母子避難を続けているので、決して生活に余裕があるわけではありませんが、とりたてて誰に迷惑を掛けることもなく、ひっそりと生活しています。

私たちは何も悪いことをしていません。まして子どもは、親が避難を決めたが為に、自身の考えとは無関係に東京で避難生活を送る事になったに過ぎません。その子どもにどんな非があるのでしょうか。避難者ということで揶揄《やゆ》されること自体、理解に苦しみます。〉

新たないじめのカテゴリー

母親によると、記事が出てから1週間後、いじめていた側の一人が、子どもに「ごめんね」と言ってきたという。だが、ほかの生徒たちからはまだ厳しい目で見られている。

「無事に学校生活をすごしてほしい。でも、『なかったことにしてはいけない』といつも言い聞かせています」

母親の強い思いが、学校のいじめ調査再開に結びついた。「なかったこと」にしてはいけない。それは、彼女ら自主避難者が持つ強い思いでもある。

同じく都内でいじめられた自主避難者の少年が話していた。

「学校では、『避難者だから対等じゃない』という感じだった。個性や違いのある者は認めない雰囲気で、避難者は特殊な属性と思われていた。外国人とか、〝いじめられる属性〟というのがあって、その一つに『避難者』がなってしまっている。こいつ避難者だ、だからいじめてもいいんだっていう」

原発事故は、新たないじめのカテゴリーを生み出してしまっていた。

「学校でいじめられるのも、『将来、病気になるかも……』と不安に思いながら生きるのも、家族が離ればなれになるのも、僕たち子どもです。僕たちは大人の出した汚染物質とともに生きることになる。責任をきちんと取ってほしい」

この少年は無償での住宅提供を望んでいたが、その思いとは裏腹に、政府と福島県は2017年3月末で自主避難者への住宅提供を打ち切った。除染が進んだ、というのがその理由だ。そして、避難指示の解除が進むとともに打ち切り対象も広がっていく。避難者たちの思いとは関係なく、政府が把握する避難者数は減っていく。

「なかったこと」にされようとしている。だからこそ、「なかったこと」にされたくない。

生きるために模索する母子もいる。

そして、厳しい状況で、悲しい選択をする人たちもいる……。

第6章　捨てられた避難者たち

母子避難者の母親が自殺を図った公園の一角

わが子を守るための自主避難

食器棚に飾られた家族4人の笑顔のスナップ写真。Aさんと夫、まだ幼さが残る息子と1歳年下の娘の2人が写っている。どこかの観光地だ。Aさんは150センチほどと小さい。

「家族みんなで旅行に行くのが楽しみだったんです」

Aさんは、知人の男性に語っていた。旅行ではいつも国民宿舎を使った。贅沢はしない旅だった。ミュージカルを観に行くのも好きだった。手料理が得意で、カレーや肉じゃが、ほうれん草のおひたし、子どもが頑張っているときにはチーズ入りハンバーグをよくつくった。冬には鍋を囲んだ。

懐かしそうにAさんが知人の男性に語った、もう二度と戻らない日常の幸せ――。そのせつない表情は、いまも男性の目に焼き付いている。

*

2011年3月の福島第一原発事故によって、Aさん一家の生活は一変した。

一家が住んでいたのは福島県郡山市。Aさんは団体職員で、夫は脱サラして自営業が軌道に乗ってきたところだった。子ども部屋のある家をローンで建てた。自宅は原発から60キロ西にあり、政府が避難指示をした区域ではなかった。情報は乏しかったが、避難するかどうかはそれぞれが判断するしかなかった。

　福島第一原発から出た放射性物質は風で運ばれ、郡山市にも流れてきた。Aさんの自宅があるエリアは、避難指示区域ではなくても線量が高かった。偶然だが、事故当時、筆者は郡山市にいた。岩手の津波現場の取材に行くために北上中だった。携帯電話の電波もラジオも途切れ途切れで、原発が爆発したことはあとで知った。

　放射線量は4月1日午前0時時点で、郡山合同庁舎東側入口で2・52マイクロシーベルト毎時。平常時（0・04〜0・06マイクロシーベルト毎時）の40〜60倍だった。平常時の被曝限度の年1ミリシーベルトを適用すると、何も活動できない恐れがある。政府は4月19日になって、「年20ミリシーベルトまで」という、福島県内の小中学校や幼稚園などの暫定的な利用基準を公表した。どうして平常時の20倍なのかと、県民や有識者から批判が相次いだ。

　内閣官房参与の小佐古《こさこ》敏荘《としそう》・東京大学大学院教授（当時）は、4月29日に記者会見を開き、「とんでもなく高い数値であり、容認したら私の学者生命は終わり。自分の子どもをそんな目に遭《あ》わせるのは絶対に嫌だ」と涙を流しながら訴え、辞任した。その姿を覚えている人も多いだろう。

20ミリシーベルトという基準に、Aさんも絶望感を覚えた。

「ああ、見捨てられるんだ」

郡山市では「肌を露出するプールは断念せざるを得ない」として、屋外プールのある小学校57校、中学校27校で屋外プールでの授業を中止し、全校で屋外の活動時間を独自に一日3時間までとした。1学期の運動会も延期した。

どう子どもたちを守ればいいのか、母親たちは戸惑った。マスクをし、外になるべく出ないようにした。当時Aさんの息子は中学2年生、娘は中学1年生。

線量計を借りたが、初期設定が0・3マイクロシーベルト毎時になっていて、高い音のアラームが鳴り続けた。学校の近くは1マイクロシーベルト毎時にもなる。避難しようと訴えたが、夫は受け付けない。

「100ミリシーベルトまでは大丈夫だと言っているだろう。おかしくなったのか。家のローンは20年以上あるんだ」

厚労省の白血病の労災基準は年5ミリシーベルトだ。低線量被曝でも労災認定が出る、という労災基準を記した紙を示して訴えた。しかし、びりびりと破かれてしまった。息子は、「部活に力を入れたいので残りたい」と言う。

「娘は子どもを産むかもしれないのに、被曝で何かがあったら困る」

やむをえず8月に仕事を辞め、娘だけ連れて避難することにした。Aさんは当時49歳。行き先はかつてAさんが住んだことがあり、出産した場所でもある東京にした。息子のために、戻ってこられる距離にいたいと思ったのだ。

避難者には、都営住宅や国家公務員住宅、雇用促進住宅、民間借り上げ住宅などが提供された。母子が提供されたのは、東京都内の雇用促進住宅の一室だった。

こうして家族は200キロ離れて暮らすことになった。Aさんのように家族の一部だけが避難するケースが続出した。夫の理解を得られず、または仕事があるため夫が離れられず、母子だけ避難する家庭が増え、「母子避難」という呼称が一般化するまでになった。

低線量被曝のリスク

100ミリシーベルト以下の「低線量被曝」についての見解や表現が定まらないことが、人々を混乱させ、苦しめている。

各国の放射線防護対策は、国際放射線防護委員会（ICRP）の勧告にならっている。ICRPは、広島・長崎の原爆被爆者の追跡調査などをもとに全身への被曝が100ミリシーベルトでがんの死亡リスクが約0・5％増えるとみており、100ミリシーベルトより低い線量の影響については、「線量の増加に正比例して発がんや遺伝性の影響が起きる確率が増える」との考え方を採用している。

国立研究開発法人放射線医学総合研究所（放医研）は、事故当初の表記を修正している。低線量被曝について、「がんを引き起こすという科学的根拠はない」とホームページで公表したところ、内部やＯＢからＩＣＲＰの考えを考慮するべきとの指摘が相次いだ。

放医研は、「ＤＮＡ損傷が少量でも発生すればがんになり得る、がんは１００ミリシーベルト以下でも発生し得ると仮定する、という放射線防護上の観点を念頭に置くこととした」として、２０１１年９月にホームページを改訂した。「科学的根拠はない」という表記を取りやめ、「明確な増加は観察されていない」と修正したのである。

だが、修正は６年が経過してもいまだに浸透していない。元文部大臣の有馬《ありま》朗人《あきと》氏は２０１７年９月、福島県内で「福島の復興　再加速を！」と題して講演。「我が国では年１ミリシーベルト以下でないと安全ではないという誤解が広く浸透している」として、「１００ミリシーベルトより低い線量では放射線ががんを引き起こす科学的な根拠はない」との放医研の修正以前の見解を引用した。有馬氏は取材に対し、「修正されたことは知らず、今後は使わない」と理事長を務める公益財団法人を通じて答えている。

同月、現状について取材したところ、放医研は、「低線量被曝のがんリスクについて明らかにするために、今後も幅広い研究成果の収集とそれらの包括的な評価を行う」とメールで回答した。各国の論文を収集している国の機関でも明らかにしていないという現実。そのことが、人々を苦しめている本質だ。

Aさんが夫に示した放射線被曝による労災認定基準は、白血病で年5ミリシーベルト。悪性リンパ腫が年25ミリシーベルト以上、多発性骨髄腫が累積50ミリ以上、肺がん、胃がん、大腸がん、甲状腺がんなどは累積100ミリ以上だ。

5・2ミリシーベルトを浴び、白血病の労災認定を受けた50代の男性に話を聞いた。

男性は、玄海《げんかい》原発（佐賀県）と川内《せんだい》原発（鹿児島県）で配線修理を担い、計約3ヵ月で5・2ミリシーベルトを被曝。それから他業種で20年以上働いたのち、健康診断で白血病と診断を受けた。彼は自宅のアパートで、『100ミリまで浴びても大丈夫だ』と聞いていた。同僚が白血病になったが、自分も20年後に白血病になるとは思いもしなかった。労災認定がなければ薬代で年50万円負担するところだった。福島の住民で、年5ミリを超えている人たちはどうなるのか」と心配していた。

福島県民約46万人を調べた外部被曝の推計調査では、事故後4ヵ月間で5ミリシーベルト以上被曝した住民は、原発作業員ら以外に966人にのぼった（2017年6月末現在)。最大は、福島第一原発がある相双地区で25ミリだった。

福島県は独自に18歳以下の医療費を無料にしている。避難指示区域に住んでいた人は大人にも国民健康保険の医療費の免除があるが、避難指示が解除されると縮小される。Aさんのように区域外で18歳を超えた人には補償はない。

自分を責める母親たち

娘と東京に避難してきたAさんは、子どもの学費の捻出に追われ続けた。

Aさんは、ハローワークや民間の求職サイトで職を探し、秋になってようやく派遣社員として事務職についた。平日と週末のダブルワークをして貯金。月20万円稼ぎ、そのうち7万円を貯金に回した。疲れて体調を崩したときも、「一日出勤すれば1週間分の食費になる」と、体に鞭《むち》打って出勤した。

公的な学費支援は、夫の収入を含む世帯収入があるとして打ち切られてしまった。

住まいが不安定だという問題も常に重くのしかかった。というのは、住宅提供は最大2年間で、1年ごとの延長を可能とする災害救助法に基づいている。そのため、1年ごとに延長するかどうかを判断されるからだ。

期限が迫るたびに家を探し、「1年の延長が決まりました」と言われてホッとすることの繰り返し。福島第一原発事故を受けて議員立法でできた「子ども・被災者支援法」（2012年6月27日施行）は、「被災者一人一人が居住、移動、帰還の選択を自らの意思によって行うことができるよう、被災者がそのいずれを選択した場合であっても適切に支援するものでなければならない」と定め、国が移動先の住宅確保の施策を講じるとある。法に期待し、公的住宅に安定して住みたいとも望んだが、「できません」と断られ続けた。

「東京は日本一豊かなまちのはずなのに、こんなに冷たいなんて。前に住んでいたというだけで東京に来てしまった。どうして北海道や新潟に避難しなかったんだろう」

東電の賠償金も手元には来なかった。避難指示区域外からの避難の場合は、区域内と違って東電からの賠償が毎月支払われることはなく、母親と子ども一人で合計80万円程度だった。だが、それも夫が「郡山に残る自分たちに将来、治療の必要が出るかもしれない。治療費に充《あ》てる」とほとんど渡してくれなかった。

月に数度、家事や息子のために郡山の自宅に戻った。節約のために常にバスを使った。

2012年春、息子を東京に呼び、自費で子どもたちに内部被曝を測るホールボディカウンター検査を受けさせた。娘からはセシウムが検出されなかったが、郡山に残っていた息子からはわずかだが検出された。息子はこのとき、14歳だった。

「ちょっとぐらい（セシウムが）あっても、大丈夫なんだってよ」

強がりのように聞こえた。元気がなかった。息子が郡山に帰る別れの際には、バスの席を確かめてから降りてきて、一緒にたまたまそこにいた野良猫を見たり、たわいもない話をした。息子は「楽しかった」と妹に言って、戻っていった。

息子を早く東京に連れてこなければ――と思った。

息子は中学3年生の3学期に、「お母さんと妹と暮らす」とAさんのもとにやってきた。だが、夫とは折り合わなかった。

「放射能の心配をしているのはマイノリティ。民主主義の世の中では、10人のうち9人が『影響なし』と思っていれば、それが正しいんだ。『危険だ』という意見だけを取り上げてワーワー言ってるおまえは反社会的な存在だ」

「おまえは逃げたんだ。家庭をめちゃくちゃにした。訴える。離婚する」

「国を信じられないなら日本には住めない。海外でも宇宙でもどこにでも行ってください」

事故前は、それなりにうまくやってきたつもりだった。夫も、子どもたちと暮らせずに寂しい思いを私にぶつけているんだ、と思った。時に殴られることもあったが耐えた。

私が間違っているのかもしれない。我慢すればよかったのかもしれない――。何度も悩む。毎晩涙が出る。夫にも子どもにも、ことあるごとに「ごめんなさい」と言うようになった。

それでも、地震があるたびに「福島第一原発は大丈夫かな」と恐怖に怯《おび》える。燃料取り出しの目途も立っていないのに戻れない、と貫いた。

やがて、夫に生活費を止められた。

兵糧攻め……。Aさんは、平日、週末の2つの仕事に加え、週末の仕事をさらに増やした。

いつしか眠れずに心療内科に通うようになった。「お守りに」と睡眠導入剤を処方された。夫に悲しい言葉を投げかけられた夜、薬を飲むようになった。通院も、節約のためバスではなく自転車で行くようにした。

母子避難生活をしている母子には、Aさんのように夫とのトラブル事例が相次いだ。「どうして帰らないのか」とケンカになり、離婚に至るケースもあった。離れた生活で夫が浮気をしたため、離婚した母親もいた。

次第に行き詰まる暮らし

Aさんは、自分に呪文のように言い聞かせた。「子どもたちを避難前より不幸にしてはいけない」――。自分のせいで不幸にしてしまったのではないか、という負い目があった。子どもたちには「自分の好きな道を追い求めるように」と言い聞かせた。

子どもの学費のため、「息子の分」「娘の分」と通帳をつくった。住民票を東京に移した。奨学金を使えないかどうかも考えた。東京都育英資金は親以外に第二連帯保証人が必要でダメだった。日本学生支援機構の奨学金は、離れて暮らす夫の収入のために世帯収入限度を超えてしまい、こちらもダメだった。

2015年夏、Aさんは突然左手がしびれ、左半身が言うことを聞かなくなった。病院に行くと心因性ジストニアと診断され、抗うつ剤を処方された。ストレスなどが原因で体の一部にまひや硬直が出る病気だ。以来、家事をするにも3倍の時間がかかるようになった。

2016年になって、息子が大学に進学し、家を出て下宿に入った。費用は学資保険とAさんの実の両親の支援、貯金で賄《まかな》った。

この間、Aさんの支えになったのは福島県の実父と実母だった。

当初は実父も、「福島の伝統校に行かせるべきだ」と、孫である息子を避難させることに反対していたが、置かれた状況の困難さを訴えると理解してくれ、夫のことを「ははは、そんなやつ」と笑い飛ばし励ましてくれるようになった。

だが、実母が2016年に亡くなった。娘の大学入学が控えている中で、Aさんの心因性ジストニアの症状は深刻になり、手の強張《こわば》りが頻繁に出るようになって働けなくなった。

Aさんのようにストレスを抱える避難者は多い。序章でも見たように、福島県が避難指示が出た12市町村などの約21万人を対象に毎年実施している健康調査では、人々の困難な状況が浮き彫りになっている。

2016年の結果では、回答した3万6805人のうち、7・1％にうつ病や不安障害の傾向があることがわかった。特に福島県外に避難している人は9・7％で、全国平均の3％の3倍以上とより深刻だった。家族との別居の有無や経済状況の変化も調査で明らかになった。震災のため、もともと同居していた家族と別居しているのは33・1％。生活は「苦しい」が9・4％、「やや苦しい」が21・4％だった。

加えて、Aさんのように避難指示区域外の避難者に対する世間の風当たりは強い。「自主避難者」と呼ばれ、「勝手に逃げてきた」という扱いを受ける。放射能の脅威を誇張していると揶揄《やゆ》する、「放射脳」という言葉も投げかけられた。特に、事故後も自宅に住み続けている福島県民からのインターネット上の批判が激しかった。

Aさんは、批判を受けるたびに、「安心と思っていないと住み続けていられないという気持ちもわかる」と、悲しく思った。残るも地獄、避難するも地獄。原発事故さえなければば、みんな一緒に暮らせていたはずなのに。つらく、苦しかった。

この福島県の21万人を対象にした調査では、今後のがんなどの健康障害について、「可能性があると思う」「可能性は非常に高いと思う」と答える福島の人たちが3割にのぼった。それぞれ健康不安を抱えている実態も明らかになった。

福島県が福島第一原発事故時に18歳以下だった約38万人を対象にした甲状腺検査では、甲状腺がんと診断されたのは2017年9月までで159人、がんまたはがんの疑いのある人は194人となった。検討委は、「これまでのところ被曝の影響は考えにくい」としているものの、県の検査は2年ほど間隔があり、17年3月末には県の検査以外でも10歳の子どもが甲状腺がんとわかって摘出手術をした事例があることが判明した。全体の患者数はわかっていない。

いわゆる自主避難の子どもたちにも、甲状腺がん検査で囊胞《のうほう》が発見され、経過観察となっている少女たちが取材で出会っただけでも複数いた。母親たちは怯えていた。Aさんの娘も息子も囊胞が見つかり、年一度は受診するよう勧められていた。

避難する、しないは自由であるはずだ。子ども・被災者支援法では、前述したように移動の選択もできるよう定めている。郡山は支援対象地区に入っている。「逃げる必要がないのに逃げた」との批判は、ただでさえ経済的な負担を抱える避難者をさらに追い詰めるだけでしかなかった。

Aさんは、なるべく「避難者」という言葉を使わないようにし、近所づきあいを避けてきた。一人っ子で、周りに相談相手もいなかった。たまに娘と「勇者ヨシヒコ」シリーズや「スーパーサラリーマン左江内氏」などのテレビドラマを見て俳優について語り合うのが、気晴らしだった。

打ち切りの結論ありきの住宅提供

冷たい視線の中で、自主避難者に追い打ちをかけたのが、2017年3月末の住宅提供の終了だった。

前述の通り、住宅提供は「1年ごとの延長が可能」とする災害救助法に基づいて行われたため、毎年、延長になるかどうか判断されてきたが、ついに延長されないことが決まった。

区域外避難、いわゆる自主避難者で住宅打ち切り対象は1万2000世帯以上におよんだ。「住宅提供が打ち切られると路頭に迷う」と、延長を求める当事者団体の要望や署名が集まった。しかし、内堀雅雄福島県知事と安倍晋三首相が協議したうえで、「除染など生活環境が整ってきている」として打ち切りを決定。避難者たちの声は届かなかった。

打ち切り後の住宅確保については、子ども・被災者支援法を所管する復興庁が主導せず、それぞれの自治体や所管団体ごとに入居基準を設けられるようにした。これを受けて各都道府県は五月雨式に支援を決めて発表。結果的に避難者が初めにどの都道府県に避難し、どのような住宅を提供されたかで、その後受けられる支援がまったく異なることになった。

たとえば、北海道は「北海道営住宅の無償提供を1年間続ける」、山形県は「低所得者に県職員住宅を無償で提供」、東京都は「都営住宅の入居枠300戸を用意」、福島県は「2年間の民間家賃補助（県外避難者も対象）」、国家公務員宿舎は「通常の利用料で2年間住める」といった具合だ。条件も、所得制限や子どもの数など独自に定め、バラバラだ。

しわ寄せはいつも弱き者に

Aさんと子どもたちが避難していた雇用促進住宅については、2016年12月9日の衆議院原子力問題調査特別委員会で、堀内詔子《のりこ》厚生労働大臣政務官が答弁している。

「現在、雇用促進住宅に入居されている自主避難者の方々については、（2017年）4

月以降も引き続き有償で入居することを可能とさせていただいております」

質問した菅直人氏はこの答弁を肯定的に受け止め、「ほかの役所も当然そうするべきだ」と訴えた。だが、入居のためには、「申請者の収入が家賃・共益費の3倍以上あること」という避難者にとって厳しい条件が付けられた。雇用促進住宅は働く人のための公営住宅で、「3倍」という収入基準は平常時の入居条件と同じだった。

避難者は働ける状態にない人も多い。Aさんのように体調を崩す場合もあるし、親が避難生活で体調を崩して介護しなければならない人、母子避難で子どもが幼く、子どもの世話のため働けない人もいる。ところが、そうした避難者にも働く人と同じ平常時の条件がそのまま当てはめられた。

療養中となったAさんには、収入がない。家賃は共益費込みで6万3000円。この3倍の収入は18万9000円になる。住み続けられないのでは……、子どもを大学に通わせられなくなるのでは……と、Aさんは大きな不安に陥《おちい》った。

同時に使えるはずの福島県の家賃補助（1年目は月3万円、2年目は月2万円）については、「低所得世帯であること」という、雇用促進住宅の入居条件とは相反する条件が付いていた。つまり、申請者であるAさん個人に家賃・共益費の3倍以上の収入がなければ住み続けることができず、補助はAさんと夫の収入を合わせて低所得世帯と認定されなければ受けられないのである。

住宅の確保を講じる役割の復興庁が調整せず、こうした矛盾のしわ寄せが避難者に行った格好だ。

Aさんが2人分の大学の授業料を自分一人で賄うと、2年で貯金が尽きる。現在の住宅に住み続けられなくなると、引っ越し費用も家賃もかかる。悩んだ末、2016年末に、避難者の相談を受けていた支援団体の男性に助けを求めた。

Aさんはすっかり食欲をなくしていた。男性はファミリーレストランなどに3回、連れて行って話を聞いたりしたが、Aさんはほとんど食べなかった。

いろいろと相談した結果、結局はその2年前、Aさんがダブルワークしていたころの収入で要件を満たせる、という管理側の判断になった。男性はほかのスタッフと一緒にAさんの家に行ったり、親身になって相談に乗ったりした。どんな書類があれば可能なのかを確認するなど、補助を受けながら住み続けるための手続きには時間がかかった。

その間、徐々に打ち解け、プライベートの話をするようにもなった。Aさんは男性に、楽しかった家族旅行の話などをするようになった。同い年であるこの男性の車に乗っているときに浜田省吾の歌がかかり、「私もこの曲、聞いてた」と同世代ならではの会話で盛り上がった。ラーメンが好き、ミュージカルや映画が好きだということなど、何でも話をした。

しかし、福島県の家賃補助を受ける要件を満たすのが難航した。そこでまず、二つを切り離して、継続入居を優先的に進めることになった。

壊れていく自己

２０１７年３月末、家賃補助がもらえないまま住宅提供が打ち切りになった。Ａさんには、月６万３０００円の家賃がかかるようになった。今後は元気だったころの自分の貯金を取り崩しながら２人分の大学授業料と家賃、生活費を支払っていかなくてはならない。

そんなとき、ちょうど実母の一周忌の直後に突然、最後の心の支えだった実父が脳梗塞《のうこうそく》で倒れた。85歳だった。２日間徹夜して入院手続きをしたところ、Ａさんの精神状態が悪化した。へとへとの体で横になっても眠れない。やっと眠っても、大量の寝汗ですぐ目が覚めてしまう。薬が合わない。自分でも自分が壊れていくのを感じる。Ａさん自身も入院となった。

「入院費がかさむと、大学に通う子どもたちを退学させなければならなくなる」

自分の治療費の負担を恐れ、Ａさんは何度も周囲に不安をもらした。

入院治療を拒否して退院。一時的に、神奈川県の集合住宅の一室で過ごした。Ａさんは生きていく自信をなくし、相談に乗ってくれていた支援団体の男性に打ち明けた。

「ここにいるとお金がかかる。子どもたちに大学をやめてもらわなければならなくなる」

「少しずつよくなればいいから」と男性は励ましたが、彼女は次第に「死」を口にするようになっていった。

「私が死んでも、子どもたちにお金が渡るようにお願いします」

男性は精一杯の気持ちを込めて言った。

「とにかく、生きて行こうね」

同世代の女性の友人が心配してAさんのところに宿泊した。友人は一緒に買い物に行くなどサポートし、「外に出られるほど回復した」と、この女性が感じるまでになった。

買い物の際、Aさんは、身を寄せている集合住宅は外に洗濯物を干せないからと、洗濯物を干すためのロープを買った。

２０１７年５月のある日。Aさんは男性らに会う約束をしていた。Aさんの不安をやわらげ、福島県の家賃補助をどうやったら受けられるか話をするはずだった。

暖かい日だった。Aさんは身を寄せていた集合住宅から５００メートルほど離れた公園で、木に洗濯用ロープを張り、首をかけ、体重を預けた。使ったのは最後に買ったあのロープだった。

ある母子避難者の自死

Aさんと会う約束をしていた男性は、「Aさんが救急搬送された」との連絡を受け、病院に駆けつけた。Aさんが自殺を図った公園は、緑豊かで散歩する人が多いところで、ジョギング中の男性が発見した。「窒息状態になってから40分で蘇生措置がほどこされ、一命は取り留めた」と聞いた。

彼女との思い出がよぎる。同じ時代を生きてきた人だと親しみを感じていて、なんとか助けたかった。

男性が病院に着いたときには昼になっていた。ベッドには、いくつもの管につながれた小柄な体が横たわっていた。体は、ガリガリだった。最近も食事をほとんど摂っていなかったのだろう、と男性は思った。

駆けつけたAさんの家族や男性の前で、医師が告げた。

「脳死状態です」

Aさんの娘が、悲痛な声を上げて泣いた。

男性が、Aさんが身を寄せていた集合住宅に向かうと、卓上カレンダーに「バイバイ」

と走り書きがしてあった。遺書はなかった。ベッドと浴槽に土がついていた。もしかしたら、一度は思いとどまり、帰ってきたときにこの土がついたのかもしれない。

その夜、男性は、自宅に帰る途中で「Aさんが亡くなった」との連絡を受けた。まだ54歳。Aさんが望んでいたのは「ささやかな暮らし」。ただそれだけだった。

Aさんが亡くなってからというもの、男性は「何とかできなかったのか」と強い自責の念にかられ、しばらく活動できないぐらい落ち込んだという。だが、彼の許には毎週のように「住宅提供打ち切りで困っている」という相談が入ってくる。動かなければ——。再び日本各地を奔走《ほんそう》し続けながらも、Aさんのことがいつも心にある。

2017年11月、筆者は、Aさんが子どもたちと避難していた住宅を訪ねた。郵便物入れが太いテープでふさがれ、空き家になっていた。隣の部屋の女性が、インターフォン越しに答えた。

「2ヵ月ぐらい前に引っ越していきましたよ」

行き先は告げられていないという。こうして避難世帯がまた、見えなくなっていく。

政府は避難者らの自殺の統計をまとめ、「震災関連自殺」として公表している。しかし

Aさんの死はなぜか統計に入っていない。筆者は２０１７年11月から18年１月に公園で聞き歩いたが、Aさんが病院に運ばれた際、警察署員が公園で「避難している人だ」と話していたという。なぜ統計に入っていないのか１月末に問い合わせると、厚労省は「警察庁から情報が来ておらず、調べる」と回答。２月下旬に「今後統計を直す」とした。

杓子定規で厳しい入居基準

Aさんに限らず、避難者の住宅問題は厳しかった。県外に出た避難者の行き先は、２０１７年時点で東京都内がもっとも多く、３月末の打ち切り対象は７４０世帯（16年10月末）にのぼる。住宅提供が打ち切られた後は都営住宅に住みたいとの希望が多かったが、都が対象を高齢者世帯、ひとり親世帯などに絞《しぼ》ったため、排除される世帯が相次いだ。

「ひとり親世帯」については、さらに「子どもが全員未成年であること」という条件を設けた。大学に進学した場合、いちばんお金がかかる時期に子どもと暮らせない。

都営住宅に子ども３人と避難していた母親のBさん。14歳だったいちばん上の子は、大学生になり、20歳を超えた。誕生日が４ヵ月遅ければ、入居することができた。都の職員から「申し込めません。一番上の子ども以外は一緒に住めますよ」と言われ、「もっと遅く産んでいれば入れたのに」と絶望した。

Bさんは福島県で自営業をしていたが、避難のため廃業して都内に来た。都内に避難して間もなく、子どもが中学校で金をたかられ、暴力を受けるいじめに遭った。警察に届け、刑事事件になって対応に追われた。子どものために、そばについていてあげたい。働かずに子どもの世話に専念し、東電の精神的賠償約200万円と貯金を取り崩して暮らした。

この7年は、カレーを鍋にいっぱいつくり、育ち盛りの子ども3人と自分で何日にも分けて食べることでしのいできた。外出すると交通費がかかるので、自分はなるべく外に出ないようにして過ごした。人に会ってもお金がかかるので、閉じこもっている。大学生を一人暮らしさせるだけの金銭的余裕はない。しかし帰るにも帰れない。最大の理由は、子どもの被曝だ。

2015年夏に測ると、福島県内の実家は、避難区域外なのに軒下のもっとも高いところで6・7マイクロシーベルト毎時あったという。局地的に線量が高いところが散在し、敷地内には除染で取り除いた土や葉が入った黒い袋が積み上げられたままだ。中からタンポポが袋を突き破って生えており、穴が空いている。撤去される様子もない。

「線量が不安だ」と言ったら、福島の人たちからは「私たちだってここに住んでいるのに」「逃げたから悪いんだ」「帰ってこい」と非難される。

「不要なリスクを避けるために避難してはいけないんでしょうか」

その疑問に答えてくれる人はいない。

Bさんは、都が設けた相談窓口にも足を運んだ。

「ただで住み続けたいと言ってるわけじゃないんです。20歳の子さえ一緒に住めるのなら、私は有料でも住みます」

「決まりですから」

杓子定規に言われ、都住宅供給公社の空室情報を見せられた。家賃が月に8万円や9万円もする。とても払えない。安いところは50キロ離れた八王子市になる。

「頼れる人は誰もいません。帰りたくないというわけじゃないんです。除染をちゃんとやってくれていれば帰りたいんです。政府が言うことを守ってくれず、汚染物も庭に置きっぱなしじゃないですか。言ったことをきちっと守ってくれれば……」

嘆く声は、届かない。

若者の未来を奪うしくみ

支援の打ち切りは、未来のある若者にも暗い影を落とした。

都内の男性Cさんは、すらっと背の高い、細身の落ち着いた青年だ。彼も避難者だった。私立大学の授業料が払えず、2016年3月に中退した。

震災の前は、家族で福島県いわき市に住んでいた。自宅は地震で半壊し、父母と妹らと避難、避難所を転々とした後に、夏にいまの都営住宅に落ち着いた。

父母は東京で定職を探したがなかなか見つからず、アルバイト暮らし。自分もコンビニで2〜3のアルバイトを掛け持ちしながら家具を買いそろえた。

バイトしながら勉強を続けた。大学に行く年齢になったが、進学は無理だろうと思っていた。だが、受験を前に希望を見出した。各大学が東日本大震災の被災者に入学金と授業料の減免制度を設けていたのだ。7つの大学に合格し、そのうち最も減額率が大きい都内の私大に入学した。減額後の授業料は年41万円。自分で稼いだ。

朝6時から喫茶店でバイトをし、午前9時から午後5時まで大学の授業を受け、塾の講師として午後10時まで勤めた。毎日、くたくただった。

月に約8万円を稼ぎ、奨学金を10万円受けたが、そのうち4万円を家の生活費に回さざるを得なかった。教師を志していた。休学して学費をまとめて稼ごうと、3年生だった2015年9月に休学した。半年間バイトに明け暮れ、復学しようとした矢先の16年3月、大学から告げられた。

「減免制度は終了します」

正規授業料は年間80万円以上。とても払えない。退学を選んだ。

代わりに自分で塾を起業しようとしたが、なかなかうまくいかなかった。そんなとき、今後は都営住宅に住み続けられなくなると耳にした。都営住宅入居には、低所得世帯という収入要件がある。親が言うには、自分が学費のために必死にアルバイトしていたときの収入のため上限を超え、住み続けることができなくなる、ということだった。

学費のために働いていたのが悪いというのか。あり得ない。唖然《あぜん》とした。

きちんと定期収入を得なければならない。起業もあきらめ、就職活動をして内定をもらった。25歳になっていたが、2018年春から会社員になる。大学は通信課程で卒業するつもりだ。

「ぼくだけじゃないと思います。当時中学生や高校生だった人が大学に行く時期なんです。いま、多くの被災者が勉強をあきらめなければならない状況にあると思う。大学での勉強は、確実に己の世界を広げてくれるもの。門戸を広げてほしいと思う」

「あの人たちって〝お金持ち〟なんですよ」

どうして福島県と政府は、住宅提供を打ち切るのか。聞き歩いて疑問をぶつけた。福島県職員の回答はこうだ。

「国と協議したところ、除染が終われば延長する理由がない、という判断です」

情報公開で取った文書では、打ち切りについては知事と安倍首相が協議し、首相の同意のもとで打ち切りが決まっている。

たしかに除染は終わろうとしているが、放射線量は元通りではない。当初の年1ミリシーベルトを達成できていないところも多々あった。山は除染の対象外としたので、山の近くの家は線量が上がることがある。再除染を望む声は大きかったが、国は「もう面的な除染はしない」と決めてしまった。除染すると土や葉、木など大量の廃棄物が生じる。置くところがない、ということだった。要するに、「きりがない」という判断だ。

さらに本音を探ると、復興を進めたい政府の意向と、震災後に人口減少が加速し住民に戻ってきてほしい福島県側と、受け入れたくない自治体側の意向が一致していることがわかった。

福島県は、これまで山間部の人口減少が進む中、福島原発周辺の地区は原発関連産業のおかげで微減に留まっていた。それが、事故を機に一気に過疎化が進んだ。地元議員からは「住環境を提供してしまったために、帰還率が悪くなった」との声も上がる。

福島市に赴《おもむ》いて、福島県庁で、男性職員に尋ねた。

「なぜ住宅提供を打ち切るんですか」

「あくまでも住宅提供は『仮住まい』です。必要がなければ通常の暮らしに戻っていただくということです」

「放射線量が心配ということです」

「心配？　我々も住んでいるのに？　職員では子どもが生まれたばかりの人もいる」

苦笑いされた。科学的な理由ではなく、「自分たちも住んでるのに、危険だと言わないでください」という答え。多くの福島の人たちから聞いた。避難者には「避難すること自体が風評被害を助長しているんだ」と詰め寄られた人もいた。

避難をすることで環境が変わり、家庭が壊れるケース、お年寄りの認知症が進むケースがある。新しい病院で治療を受けたくないと亡くなる人もいる。環境の変化のリスクと放射線のリスク、どちらが重いか。個々に事情が異なり、残る、避難する、どちらが正しいというのは誰も言い切れるものではないと思う。

問題は、「どの選択もできるように」という子ども・被災者支援法の趣旨がまったく生かされていないところにある。法を守る立場の県庁職員もかと、筆者は半ば落胆した。

「だいたい、どうして自主避難者に住宅を提供しなくちゃいけないのかって、思いませんか？　税金を払っている住民に提供するべき公営住宅を、どうして福島の人たちに提供しなければならないのかと」

「いいえ、まったく」

　即答した。友人には数年待って都営住宅に入った障害者の男性と妻もいる。そういう議論もわかるが、福島第一原発は、東京で使っていた電力をつくっていた。もっと合理性や配慮があっていいと思う。

「都民も公営住宅を使いたい。だけど福島の人たちを優先して入れない、となったら……」

「そういう声が県庁に来ているんですか？」

「ありますよ。多くの人に言われます」

　職員は、大きくうなずいた。

「知ってます？　あの人たちって〝お金持ち〟なんですよ」

　職員にささやくように言われ、戸惑った。住宅の無償提供継続を求めている自主避難者たち。自力で避難することができるなんて、お金がある人たちなんだろう——そんな言葉を福島県内に住む人たちから直接聞いた。県庁職員からしてそうなのだ。

　賠償金が多いか少ないか、避難できる状況か避難したくてもできない状況か、避難指示が出ているか出ていないか、住宅の無償提供を求め続けるかあきらめるか、同じ被害者である福島県民でも人々は大きく分断され、その亀裂はいまなお絶望的になるほど深い。

う。

具体策に乏しい東京都

東京・新宿区、2棟そびえたつ東京都庁には何度も足を運んだ。

都営住宅の入居要件が厳しいことについて都職員に聞くと、「公平性のためです」と言う。

「そもそも人気がある物件を提供してしまったんです。何年も入居を待っている都民がいるんですよ。そういう人たちは、人気物件の空きが出るかどうかをいつもチェックしている。苦情が来るんですよ。空きが出ないのはおかしいって」

つまりは、公営住宅を福島の人たちに充てていると、都民から「ずるい」と言われることになるというのだ。都内に住民票を移した母親は、「都民のための公営住宅だからって言われたんですが、私たちだって都民です」と訴えていた。

対象を絞って受け入れまいとした結果が、どこに行っても受け入れてもらえず、支援からこぼれ落ちる人たちを窮地に陥《おとし》れている。大学に進学して将来の社会を支えようとする若者たちの未来すら危ぶまれる結果になっている。

2017年2月下旬、小池百合子東京都知事の定例会見に質問しにいった。

都庁記者クラブ横の会見室に行くと、都の報道担当職員が寄ってきた。「失礼ですが、名刺をください」と名刺の提出を求めてきた。初めての記者に要求しているようだ。築地市場の豊洲《とよす》移転問題もあり、集まった記者は40人ほどいた。質疑応答になり、せっかく前のほうに座ったのに、手を挙げるがなかなか当たらない。とうとう最初から最後まで当たらなかった。記者クラブの記者に聞くと、「無難な人にしか当てないんですよ」という答えだった。

3月初めの記者会見に出直し、会見が始まる直前、最初に座った席から知事の正面の前から3番目に移動した。テレビカメラに映る位置だ。ここで手を挙げ続けて当てなかったら、「体裁が悪い」と知事も当てるのではないだろうか。

考えがあっていたかわからないが、知事が筆者をさした。

「都営住宅の避難者の受け入れ要件がほかのところより厳しく、たとえば20歳を過ぎた子どもが一人でもいると入れません。行き先が決まっていないお母さん方がいます。都として要件を緩和《かんわ》するという対策はしないでしょうか」

「都として都営住宅、公社住宅などについて、要件を緩和しながらできるだけ多くの方々の受け入れを続けさせていただくという話で進めています。まだまだ数は十分ではないかもしれませんが、また一方で、被災地は『ぜひ戻ってほしい』というような意向もあります。この両方の事情を勘案しながら、それぞれの被災者の事情などを見極めつつ、お応えできるような工夫はしていきたい」

戻ってほしいという福島の声がある、という知事の答えだった。

住宅提供打ち切りから9ヵ月以上経った2018年1月になって、都は、都営住宅でも人気の低い物件を募集する「毎月募集」の対象に若年夫婦や事業再建者などのほかに避難者を加え、募集を始めた。

都心から離れた物件が大半で、どれぐらいニーズに応えられるのかは未知数だ。ある母親は都営住宅の新たな募集に期待していたが、落胆に変わった。いま住んでいる区内の物件が一戸もなかったからだ。

原発事故後、夫と小学生2人で雇用促進住宅に避難していた。しかし避難のストレスから夫に暴力をふるわれ離婚。収入は月10万円となった。雇用促進住宅に住み続けるには「家賃の3倍」の収入要件を満たせず、都営住宅の専用枠は「雇用促進住宅に避難している人は除外」という条件がついていたために、応募できなかった。

2017年3月の住宅提供打ち切りとともに民間住宅に引っ越したものの、学区内では払える範囲の家賃の住宅が見つからず、子どもたちは転校を余儀《よぎ》なくされたうえ、転校生としてからかわれていじめに遭った。新たに始まった募集は、区内の物件はない。「一年でまた転校するのは難しいです。打ち切りの前に応募させてくれていればよかったのに。もうこれ以上、子どもたちに負担をかけたくない……」

見せかけだけの避難者数の大幅減少

２０１７年の住宅支援打ち切りで起こったのは、避難者の名目の数の大幅減少だった。復興庁は、避難者数を各都道府県から聞いて取りまとめているが、避難者の定義を定めなかった。このため、避難者の数え方が各自治体で異なる。福島県では、復興公営住宅に入った人や住宅提供が打ち切られた人は避難者から除かれた。そのため、自主避難者の住宅提供打ち切りを機に、避難者数は全国で２０１７年３月から７月の４ヵ月間で約３万人減り、８万９７５１人とされた。こうして「避難者」という存在は数字上、消えていく。

「自分たちは避難しているのに、勝手に数から除外されるのはおかしい」

「数をきちんと把握せずして、国はどのように避難者支援政策をするというのか」

当事者や大学教授らからは疑問の声が上がっている。福島県庁に聞くと、県職員は「避難者として数えられていないからといって支援が届かないということはない」と言う。一方で県は、総合計画「ふくしま新生プラン」で、避難地域の再生として「２０２０年度に県内外の避難者ゼロ」の目標を掲げている。

東京・多摩地域のあきる野市では、住宅支援打ち切り後、自ら避難者登録を取り下げた避難者の母子家庭の母親がいた。理由は明かさなかったという。地元市議は「もう避難者であることのメリットもないし、知られたくないということではないでしょうか」と語った。

「打ち切られると経済的に暮らしていけないので、戻ります」と福島県に帰り、避難をあきらめた母子からも話を聞いた。

この40代の母親は、福島市に戻っても不安で、子どもは県外で保育を行う保育園に通わせている。民間の「保養事業」にも積極的に参加し、東京都町田市などで夏休みを過ごすが、「保養の申し込みの倍率がすごく高くてたいへんです。戻ってきた母親が同じように不安を抱えているのでは」と話す。この保養も寄付金減のため縮小傾向にある。子ども・被災者支援法は「国は自然体験活動等を通じた心身の健康の保持に関する施策を講ずる」と定めており、国が保養を実施してほしいという要望書や署名が出されている。

旧知の官僚幹部に見解を尋ねた。

「いつまでも甘えていると、人間がダメになる。パチンコや酒浸けになって何もいいことがない」

健康影響が心配な人たちがいるんだと言うと、断言した。
「将来、集団訴訟が起きて、国が負けたら、何か法制度をつくって救済するということになるでしょう。水俣病と一緒ですよ」
原発事故をめぐる裁判では国の責任を認めた判決も出ている。避難者を減らし、復興を進めるという目的ありきで、責任を先送りにしているように感じられた。

2017年9月には、山形県の雇用促進住宅の避難者8世帯が、住宅を管理する独立行政法人「高齢・障害・求職者雇用支援機構」(千葉市)から立ち退きや家賃支払いを迫られて訴えられた。18年1月の口頭弁論から原告に住宅の管理会社が参加。同機構は無償提供が打ち切られた17年4月以降の家賃の支払いを、管理会社は立ち退きを求める。今後全国で、同様の立ち退き訴訟が起きることが予想される。

このうち40代の母親は、娘2人と夫と福島市に住んでいて、娘たちが体調不良を訴えるようになって夫が米沢市への避難を決めた。

避難後、生活はまるで変わった。夫は、「仕事を続けてくれ」と会社側に言われたため、朝5時に起床して福島に車で向かう。ガソリン代は自腹。夜は疲れ切って、子どもの話を聞いたり相談を受ける間もなく寝てしまう。母親は福島では正社員で働いていたが、育児を助けてくれていた自分の実家と離れてしまったため、子育てとの両立が難しくなり、パートになった。月15万〜16万円あった収入が、月8万円になった。

姉妹は、いまは高校2年生と中学3年生になっている。甲状腺検査で嚢胞が出ており、経過観察中だ。長女は吹奏楽部の部長をしているが、楽器を買う資力がない。母親自身は原因不明の組織球性壊死性リンパ節炎になり、治療を受けている。入院費用20万円で貯蓄も尽きた。

「家計は火の車です。収入が月23万円で、支出が同額です。どうやっても家賃が出せません」

切羽詰まった表情で話した。この母親の必死な様子が目に焼き付いた。

2017年11月、国連人権理事会の日本の人権状況の定期審査で、ドイツ、オーストリア、ポルトガル、メキシコがそれぞれ原発事故被災者について取り上げ、避難者や住民への支援継続や自主避難者への住宅や金銭などの生活援助を継続することなどを勧告した。しわ寄せが弱い者、弱い者に行く。

こぼれ落ちる命

筆者がAさんの亡くなった神奈川県の公園を初めて訪れたのは、2017年11月だった。秋が深まっていく様相で、展望台まで続く遊歩道の木製の階段にはドングリが落ち、階段を囲むように木々が茂る。暖かい日差し、頂上に細く長く続く木製の階段。静かだ。ゆっくり上っていくと、ときおり散歩中の親子連れやジョギングの男性とすれ違う。

遊歩道に入って数十メートル、左側にある先が二股に分かれたコナラの前で足を止めた。5月の朝、この木の枝に洗濯物用のロープをくくりつけ、54歳のAさんが命を絶った。しばらく黙禱《もくとう》する。

この公園事務所の男性職員に話を聞いた。ジョギング中の男性がAさんを見つけ、事務所に通報。この男性職員が駆けつけたときには、Aさんは救急隊員に担架で運ばれていくところだった。すでに意識がなかった。警察署員が「被災者だ」「避難している人だ」と話しているのが聞こえた。亡くなった後、慰霊の意味で、近くのお寺のお坊さんを呼んで遊歩道でお経をあげてもらったということだった。

ここからさらに階段を200段ほど上がると視界が開け、公園の高台に行き着く。夕方になっていた。展望台では右側からまばゆい金色の光が差し、まぶしくて目を細めた。光の中央に立派なたたずまいの山があった。富士山だ。

美しい稜線を囲むように金色の光が輝いていた。光の発信源は富士山に沈もうとしている夕日。山頂よりもやや左側で、だから金色の光は左側に扇《おうぎ》のように広がっていた。

見とれていると、夕日が沈むにつれ、光の具合やコントラストが徐々に変わっていく。富士山の後ろの雲も金色で、空を彩る。

「昨日、ダイヤモンド富士だったんだ。知らずに来たの？」

常連のような男性が教えてくれた。望遠レンズのカメラを構えた人たちが20人ほどシャッターを押していた。前日は雲で見えなかったということだった。

美しい光景だ。家族で日本各地を旅したというAさんが望んだのは、こういう景色を見て家族でささやかな幸せを感じる時間だったのでは、と思えてくる。

最期は、子どもたちが生きていくためのお金を残すために、自ら命を絶ったのかもしれない。しかしそうだとすると、子どもを生かすために、自分が死ななければならなかったことになる。そういう状況に追い込んだのは、何なのか。

出会った人たちは、子どもたちの未来を気にする人たちばかりだった。

子どもたちを社会で守らないと、母親だけでは守り切れなくなっているのではないか。特に経済的困難を抱える避難者世帯では。助けを求める声がこのまま消えていくにまかせていいのか。もう少し何かできることがあるのではないか。

「どうして財政が豊かな東京が、人にこんなに冷たいんでしょうか」

「政府は、子どもたちを守ってくれない……」

Aさんが感じた首都東京、政府の冷たさ。

東京に避難してきたばかりのころ、人身事故や線路立ち入りが多いことに驚き、その理由が自殺やうつが多いためと聞いて、「お気の毒に」と気遣っていた。娘が長く伸ばしていた黒髪を切る際には、医療用ウイッグを必要とする誰かの役に立てばと、ヘアドネーションとして提供した。そんなAさんはもういない。

太陽は、ゆっくりと沈んでいき、富士山の奥に姿を消していった。

エピローグ

「ああ、まさか『縄のれん』まで」

２０１７年11月、福島第一原子力発電所で働いていた今野寿美雄さんは、２ヵ月ぶりに故郷の浪江町を訪れ、肩を落とした。

焼きそばで有名だった「縄のれん」があった場所は、砂利を敷き詰めた更地となっていた。中心街のスーパーもだ。

避難指示が解除されて出入りが自由になり、解体業者たちが入ってきた。青地に白抜きの「建物解体中」の旗が立つ店舗の中から、マスクとヘルメットの作業員が次々にものを屋外に運び出していく。

解体は、２０１８年３月30日が環境省への申請期限になっている。

今野さんはいま、自宅を取り壊すかどうか決めかねている。妻には「税金がかかるようになるんだから解体したら」と言われているが、自分にとって、幼かった息子や妻と過ごした思い出のある大切な場所だ。居間の床にプラレールやおもちゃが散らばったままになっている。地震の衝撃で飛び出した台所の引き出しも震災当時のまま。今野さんの家がある住宅街の一角は、比較的新しい家が並ぶが、帰っている人は誰もいなかった。

今野さんは斜め向かいの家に車が止まっているのを見つけるや、走っていってインターフォンを押した。

「優子ちゃん！」

同級生の家だった。女性が驚いたように、ドアを開けて出てきた。今野さんの姿を認めると、大きな目を見開き、笑った。震災後初めての再会だった。

「近所の人たち、みんなバラバラになっちゃったね。千葉に行った人もいるし」

「どうするの、優子ちゃんは」

「お兄さんたちが郡山に来るって言うから、向こうに住もうかと」

「この家は？」

優子さんは悲しい顔をして、うーんとうなった。

「どうしたらいいかわからない。気に入っていたし、住めるでしょ。でも、いざというときの親の介護サービスがないから」

「わかる。おれもそうなんだよ。原発に近いし、また何かあったらと思うと……」

「また避難でたいへんな思いをしないとならないと思ったら、住めなくなると思う……」

今野さんは「良かった会えて」とつぶやき、別れた。

彼女と今野さんは「隣組」同士。人づてにどこに行っていたかは聞いていたが、ここ4

年ほどは消息がわかっていなかったという。店がなくなり、家に住まなくなり、人のつながりもまた、失われている。

まちのあちこちの名前が消えていく

筆者はゼンリンの住宅地図を手に、浪江町の中心街を歩いた。

この地図は２０１０年に発行されて以降はつくられていない。18年1月時点ではつくる予定もないとのことだった。

見ると、東邦銀行など金融機関が並び、美容院や喫茶店、商店など約60店舗がひしめいている。

ところがいまは、建物が傾いたり、壁が倒れた廃屋が並ぶ。看板がもう読み取れないものもある。

地図をチェックしながら周囲の４５０メートルを歩く。約60店舗のうち、7割が廃屋状態、２割は更地になっていた。「建物解体中」の旗も立っていた。歩道にもあちこち草が生えている。通常営業していると確認できたのは、工事車両が出入りするガソリンスタンド2軒だけ。

「いちばん賑やかだった通りです」と避難している人に紹介されて歩いたのだが、ここは名前を何というのだろう。聞こうにも誰も歩いていない。相変わらず遮《さえぎ》るものがないために風が冷たい。

通りから200メートル離れた警察署に行き、パトカーの横にいる警察官たちに地図を示して聞いた。

「わからないなあ」

一人が、地図を持って周りの警察官に聞いてくれた。

「駅前通りじゃないの？　あそこ、十日市とかやってたから」

十日市という行事があったのを知っているということは、地元を知る警察官のようだ。しかし、「駅前」というと、一般的には駅前から延びている通りを指すと思うが、地図で示した通りは駅前を通らず、線路と平行に走っている。違うかもしれない。

通り沿いにある「ホテルなみえ」のフロントに行った。このホテルは、もともとは中心街のホテルとして屋上ビアガーデンや宴会でも使われ、賑わっていたが、いまは町民が一泊2000円で宿泊できるようになっている。男性がいた。

「この前の通りって、なんていう名前ですかね」

「さあ、わからないね……。もともとここに勤めていないから」

仕方なく、翌日、福島県二本松市に移転している浪江町商工会に電話をして、「この通りの名前と商店会の名前を教えてください」とお願いし、地図をメールした。5時間後に回答があった。

「シンマチ商店会通りです。新しい町、と書きます。新町商店会通りです」

しんまち。新町商店会。通りのバス停に「新町」と書いてあったのを思い起こした。駅前通りではなかったのだ。急に、あの商店会が色彩を持ったように感じた。ガソリンスタンドは黄色い屋根だった。ホテルは薄い緑色の壁。

インターネットで「新町商店会」を調べると、いくつかホームページが出てきた。浪江の中心街として、夏は盆踊り、秋には十日市という屋台が並ぶイベントを開催していたと載っていた。

中心街の名前すら、現地ではもうわからない。近所の人の消息が4年もわからない。街が名前をなくす現実を目の当たりにした。

中心街に看板の店を構えていた高野仁久さんに聞いたところ、「新町ね。権現堂地区の者じゃないとわからないだろうねえ。みんな全国に散らばってるからね」と話した。

新町商店会の仲間とともに二本松市で活動しているまちづくりNPO新町なみえの神長倉豊隆理事長は「私が商店会で経営していた花屋も取り壊す予定です。戻る人がほとんどいない。町内の自宅のある地区に戻って、そこで花の生産をやろうと思っています」と話していた。

神長倉さんは、「廃炉作業には30年以上かかる。ゆっくりと町民が安全を確認しながら帰還してもいいのでは」と町外コミュニティ（仮のまち）をつくろうと呼びかけてきた一人だ。「結局、浪江町長の協力が得られずだめだった。外に街をつくると浪江に帰る人が少なくなるということかと思う。国がもともと帰す方針だったので、帰るのが望ましく、外に街をつくるのは認めたくなかったというのがあるのかと。チェルノブイリではできたのに、福島ではできなかった」と落胆する。ともに町外コミュニティを目指していた浪江町商工会の原田雄一会長は、「福島市長に要請に行ったときは、市長が『福島市浪江区にしてもいい』とまで言ってくれたのに」と悔やむ。

なぜ馬場町長は消極的で、結果的に頓挫《とんざ》したのか。新潮社フォーサイト（2015年3月19日、吉野源太郎氏）で興味深い発言をしている。

「（町外コミュニティのために復興特区にする）計画を国にどうしても認めてもらえなかった」と漏らし、強引に突破をはかれば、「復興予算のしめつけがあるかもしれない」と述べているのだ。

2018年2月に、町秘書係に馬場町長への取材を申し込んだが、3ヵ月前から福島市の病院に入院しているため取材を受けられないとのことだった。役場内に発言の背景を知る職員は見つからなかった。

原田さんは嘆く。「復興政策はうまくいっていない。みんなバラバラになってしまった。帰る人に手厚く、帰らない人の支援を打ち切るということでは心も離れ、浪江がなくなってしまう……」

その言葉通り、わずか数年で、中心街の名が現地でわからなくなっている。自分の故郷で同様のことが起きたら、と恐ろしさに身震いした。

「私たちが忘れないこと」

報道では、福島の悲しい現実が出にくくなっている。現場の記者仲間からは疑問の声が上がる。「放射線量を書くな。帰還が進まなくなる」「危険だという話を聞きたくない人もいる」と上司に言われ、書きたいことが書けないと困惑する記者たちがいる。

椎名誠さんの妻で、作家の渡辺一枝《いちえ》さんは、いまも現地に通い続けている。

「元気なように報道されているけれども、実際は違うと思います。避難者の方々はどうしたらいいか、悩んでいる。いまでもよく電話が来ます。必要なのは『私たちが忘れないこと』だと思います」

渡辺さんに話を聞いている最中も、彼女の携帯電話が頻繁に鳴った。

被害者、避難者の声は、復興、五輪、再稼働の御旗のもとにかき消されていく。

「原子力 明るい未来のエネルギー」という標語の看板が双葉町の道路から撤去された。あとには何もないまち。名前をなくすまち。

安全だと言われ、鵜呑《うの》みにしていた私たち社会の過信が生んだ悲劇だ。

その姿は、私たちに奢《おご》りへの猛省を促《うなが》し、一人ひとり、自ら判断して立ちなさいと言っているかのように見える。

おもな参考文献

『原子力プラント工学』神田誠、梅田賢治、三宅修平、清水建男、一宮正和、山下清信、望月弘保、与能本泰介、岡芳明、オーム社、2009年
『改訂 原子力安全の論理』佐藤一男、日刊工業新聞社、2006年
『セシウムをどうする——福島原発事故　除染のための基礎知識』小松優監修、日本イオン交換学会編、日刊工業新聞社、2012年
『カウントダウン・メルトダウン　上・下』船橋洋一、文藝春秋、2012年
『原発と大津波——警告を葬った人々』添田孝史、岩波新書、2014年
『福島第一原発収束作業日記——3.11からの700日間』ハッピー、河出書房新社、2013年
『暴走する原発——チェルノブイリから福島へ　これから起こる本当のこと』広河隆一、小学館、2011年
『フクシマ6年後　消されゆく被害——歪められたチェルノブイリ・データ』日野行介、尾松亮、人文書院、2017年
『レベル7——福島原発事故、隠された真実』東京新聞原発事故取材班、幻冬舎、2012年
『原子力ムラの陰謀——機密ファイルが暴く闇』今西憲之＋週刊朝日取材班、朝日新聞出版、2013年
『国家の共謀』古賀茂明、角川新書、2017年
『被曝評価と科学的方法』牧野淳一郎、岩波科学ライブラリー、2015年
『プロメテウスの罠2——検証！ 福島原発事故の真実』朝日新聞特別報道部、学研パブリッシング、2012年
「国会事故調 報告書」(東京電力福島原子力発電所事故調査委員会)、「福島原子力事故調査報告書」(東京電力)、「政府事故調 中間・最終報告書」(東京電力福島原子力発電所における事故調査・検証委員会)、「福島原発事故独立検証委員会 調査・検証報告書」(福島原発事故独立検証委員会、ディスカヴァー・トゥエンティワンより刊行)、「福島第一原子力発電所事故　その全貌と明日に向けた提言——学会事故調 最終報告書」(日本原子力学会、東京電力福島第一原子力発電所事故に関する調査委員会、丸善出版より刊行)
原子力規制委員会（http://www.nsr.go.jp/）、東京電力ホールディングス（http://www.tepco.co.jp/index-j.html）、福島県（http://www.pref.fukushima.lg.jp/）、核情報（http://kakujoho.net/）の各ホームページ

登場する人物の所属や肩書、年齢などは断り書きがない場合は取材当時のものです。

本文写真提供：朝日新聞社

講談社現代新書　2472

地図《ちず》から消《け》される街《まち》　3・11後《ご》の「言《い》ってはいけない真実《しんじつ》」

二〇一八年三月二〇日第一刷発行　二〇二一年七月一五日第八刷発行

著者　青木美希《あおきみき》

発行者　鈴木章一
発行所　株式会社講談社
東京都文京区音羽二丁目一二―二一　郵便番号一一二―八〇〇一
電話　〇三―五三九五―三五二一　編集（現代新書）
〇三―五三九五―四四一五　販売
〇三―五三九五―三六一五　業務
装幀者　中島英樹
印刷所　凸版印刷株式会社
製本所　株式会社国宝社
本文データ制作　講談社デジタル製作
定価はカバーに表示してあります　Printed in Japan

N.D.C.916　286p　18cm
ISBN978-4-06-220996-0

「講談社現代新書」の刊行にあたって

教養は万人が身をもって養い創造すべきものであって、一部の専門家の占有物として、ただ一方的に人々の手もとに配布され伝達されうるものではありません。

しかし、不幸にしてわが国の現状では、教養の重要な養いとなるべき書物は、ほとんど講壇からの天下りや単なる解説に終始し、知識技術を真剣に希求する青少年・学生・一般民衆の根本的な疑問や興味は、けっして十分に答えられ、解きほぐされ、手引きされることがありません。万人の内奥から発した真正の教養への芽ばえが、こうして放置され、むなしく滅びさる運命にゆだねられているのです。

このことは、中・高校だけで教育をおわる人々の成長をはばんでいるだけでなく、大学に進んだり、インテリと目されたりする人々の精神力の健康さえもむしばみ、わが国の文化の実質をまことに脆弱なものにしています。単なる博識以上の根強い思索力・判断力、および確かな技術にささえられた教養を必要とする日本の将来にとって、これは真剣に憂慮されなければならない事態であるといわなければなりません。

わたしたちの「講談社現代新書」は、この事態の克服を意図して計画されたものです。これによってわたしたちは、講壇からの天下りでもなく、単なる解説書でもない、もっぱら万人の魂に生ずる初発的かつ根本的な問題をとらえ、掘り起こし、手引きし、しかも最新の知識への展望を万人に確立させる書物を、新しく世の中に送り出したいと念願しています。

わたしたちは、創業以来民衆を対象とする啓蒙の仕事に専心してきた講談社にとって、これこそもっともふさわしい課題であり、伝統ある出版社としての義務でもあると考えているのです。

一九六四年四月　野間省一